U0084823

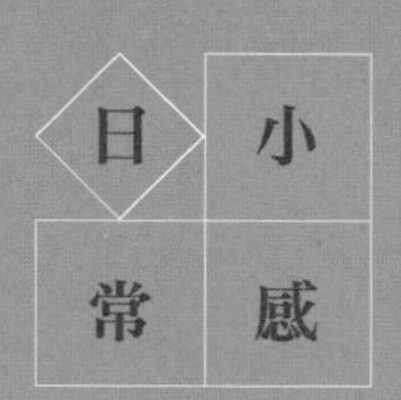
日
小
常
感

牧野富太郎——著
蘇暐婷——譯

植物知識

最有趣的花果圖鑑，日本植物學之父牧野富太郎為你科普

目次

輯二　果實

導讀

天才學者牧野富太郎感動的植物時光

◎廖秀娟／元智大學應用外語學系副教授、日本大阪大學文學博士

近代植物分類學權威牧野富太郎（一八六二──一九五七），他的代表著作《牧野日本植物圖鑑》名揚天下，在世時總計發現了超過六百種以上的植物新品種，由他命名的植物多達一千五百種，更記錄了超過四十萬項的植物標本以及觀察記錄，並且發表了多篇專業著作。在日本植物分類學研究的黎明時期，進行全國性規模的田野調查與標本採集，除了對日本植物群相的解析做出了高度的貢獻之外，也獻身於植物知識的普及教育，是一位足以代表日本，與世界齊肩，向世人誇耀的優秀植物學家，日本人為了紀念他對植物學研究的貢獻，將他的生日四月

二十四日制定為「植物學之日」。然而，他這些偉大的歷史性成就，卻都是在極度貧乏窮困的環境下完成的。富太郎出生於富裕商賈之家，人生卻有一半的時間為錢所苦與貧窮纏鬥，為了追求植物研究他散盡家財、一貧如洗卻甘之如飴，這股對植物的熱情使他的成就無人能及，更讓昭和天皇盛讚他是日本的國寶。

二〇二三年春季日本ＮＨＫ連續電視小說劇第一〇八部《爛漫》，就是以這位天才植物學家的人生故事為藍本拍攝，電視劇的話題使得牧野富太郎再度受到世人矚目。ＮＨＫ在官網上說明選定牧野為主角是期望在百花盛開綠意盎然的春日，透過牧野傾注於植物的熱情、浪漫之心，在新冠肺炎橫行疫病四處傳播人心惶惶之時，能為這個社會帶來一股清新之氣，舒解被疫情束縛多時的滯礙之感。

牧野富太郎於一八六二年出生於江戶幕末時期，歷經了明治、大正、昭和，於一九五七年以九十四歲的高齡過世，牧野家代代以雜貨與酒造營生，是土佐高岡郡佐川町經營酒造業的富商，富太郎三歲父亡五歲母逝，又無手足相伴，六歲祖父過世之後，由祖母浪子一手帶大。他曾在《牧野富太郎自敘傳》中提到「由於父母早逝，自幼不知父母長相，也未曾感受過父母親情之愛」，再加上幼時身體虛弱，既是長孫又是酒造家業唯一的繼承人，祖母對他的溺愛驕寵可想而之，造成他極度任性隨性而活，他的任性發揮在他對學問的追求上。

富太郎雖然貴為日本植物學之父，然而令人驚訝的是他的正式學歷只有小學中輟。商人家出身的他，在祖母的安排之下，自小進入武士階級子女就讀的私塾學習，一八七四年明治政府引進歐美教育制度，頒發小學校令，要求日本全國設置小學，他也因此進入小學就讀，學習成績優異。但是，就讀兩年之後他就休學了，並非他資質不佳，而是小學的課程對他而言太淺且無趣。求知欲旺盛的他採取的教育方式是自學。對富太郎來說大自然就是他的學校，自小在佐川豐富的山野中遊玩，他醉心於植物的千姿百態，喜愛親眼觀察仔細臨摹，不只通曉植物，對於天文、地理、漢學、英語、音樂也深度涉獵，封閉在教室中的小學教育難以滿足他對知識的渴求。

而改變他人生的是，在他十七歲時接觸到由江戶時期本草學家小野蘭山所撰寫的《本草綱目啟蒙》的手寫本數冊，因為缺本以及須多次向人借出抄寫，無法盡情閱讀，索性透過中間商大費周章從東京、大阪全數收齊。在日夜沉浸閱讀之後，他發現原來他周遭認識的植物是有名字的，他深刻的體認到將這些植物匯集成冊是一份專屬於他的天職志業。然而，要完成這樣的著作，就必須要收集全日本所有植物的標本，這意味著他必須要到日本全國各地去採集植物標本，閱讀龐大的文獻資料、購買高機能的顯微鏡、大量購買研究書籍，但是只要他人在佐川，就什麼事也做不成，所以他決心拋棄家業，前往東京。這個決定打碎了祖母寄望他繼承家業的心願，然而祖母比起家業更疼愛富太郎，決心讓富太郎去追逐夢想。

一八八四年二十二歲的富太郎出發前往東京，他首先前往的地方是東京大學理學部，去拜訪當時君臨日本植物界的大老，也是東大植物學主任教授矢田部良吉教授。教授對於這位來自四國深山野地、帶著過度莫名自信的年青人極為寬待，基於富太郎對植物的熱情，教授同意他可以自由進出植物學教室，也允許他自由的使用教室裡的標本、圖書與器材。在東京大學豐沛的研究資源下，富太郎的研究能量越發活躍，一八八七年創刊《植物學雜誌》，一八八八年出版了《日本植物志圖篇》，一八八九年與植物學家大久保三郎共同為在高知發現的新品種「大和草」以附上拉丁語學名的方式，初次發表在《植物學雜誌》上，這是日本植物學界劃時代創舉。過往日本的植物學者都是委託國外的學者在海外的學術雜誌上代為發表植物新品種，但是牧野不願如此，試圖要將日本植物學的水準與世界的接軌。一八八八年出版的《日本植物志圖篇》中所有的植物畫，都是由他本人描繪、製版、印刷，其完成度絲毫不遜色於現今的西洋植物畫。

一八九〇年富太郎的人生與事業來到了幸福的高點，不但事業一帆風順，也遇到了與他牽手一世同甘共苦度過終生的伴侶——小澤壽衛子相遇、結為連理。然而打擊卻也來的突然，在他意氣風發攀至人生成就的高點後瞬間將他摔落谷底。首先是代替母職始終在他背後支持他完成夢想的祖母浪子過世，浪子的離世像是一個不祥的預兆，牧野家驟然家道中落，失去牧野家經濟的奧援，使得他頓時陷入經濟困境，再加上他不改富家子弟闊綽的花錢方式，毫無節制的購買研究書籍，也是讓家境快速下墜的原因之一。

然而對他研究生命最大的打擊是矢田部良吉教授突然禁止他進出東大植物教室，既非東大學生也非東大教職員，全憑矢田部教授的仁慈才得以進出植物教室的富太郎完全無法反擊只能黯然離去。根據富太郎在著作《我的植物愛之記》中所述，矢田部教授會突然打擊他，起因於一八八八年出版的《日本植物志圖篇》獲得俄羅斯著名國際學者的好評，樹大招風過於招搖導致教授吃味打壓，禁止他進出東大植物教室，直到三年後矢田部教授因校內鬥爭失勢離開東大之後，他才得以助手身分重返東大。

然而，看似苦盡甘來的峰迴路轉卻也沒有帶來順境，擔任東大助手的十五圓月俸（大約現今的三十萬日圓）不夠負擔陸續誕生的十三名小孩，再加上他毫無節制的撒錢買書，只能不斷靠借貸生活，飽受高利貸恐嚇追討，久欠房租不斷被驅趕搬家，總計搬了十八次的家，他的夫人為了籌錢成就丈夫的研究生活，即使貴為東大教授夫人，被迫低聲下氣四處籌錢度日，最後五十五歲辛勞過世。富太郎為紀念妻子對他的付出，以妻壽衛子之名為在仙台發現的新品種細竹命名，使妻子之名永存。最後，被高利貸逼到走頭無路之時，他將念頭轉到了自己僅剩的資產——植物標本，打算要將十萬項的標本賣到國外以解燃眉之急。對植物分類學者而言，走遍山野收集而來的標本是最珍貴的資產，也是植物學者研究的基石。當時這件事獲得朝日新聞社的報導與關注，大聲疾呼「對於因研究而坐困愁城的學者視而不見，讓國家重要文化資料流失到海外就是國家之恥」，獲得有為青年資產家池長孟的關注，而出手幫忙，以三萬日圓的代價（約現今一億日圓）購買，徹底防止了國家資產外流，也將富太郎從欠債的地獄輪迴中救出。

由於牧野富太郎沒有顯赫的學歷，即使幸運在東大占得了一席之地，過程也是風風雨雨，任職的四十七年間，多次遭到排擠與鬥爭，最終能夠順利挺過，全然是憑藉著他對植物的熱情。本書《植物知識》是牧野富太郎為了一般教養而撰寫的植物學啟蒙書，書中以日常生活中常見的十八種植物（百合、彼岸花、秋海棠、魚腥草、水仙等等）和四種水果（蘋果、橘子、香蕉、荷蘭草莓）為例進行植物名稱的由來的說明、花與果實的構造、雄雌交配的原理。文字幽默有趣，大膽新潮，文章開頭即以「花就是植物的生殖器」破題，描述世上的一草一木無一不為求得子嗣繁衍，衝鋒陷陣披荊斬棘。文中多篇文章中詠吟敏銳感受四季變化的《萬葉集》歌謠，並且附上由牧野親筆畫上，聞名於世的植物畫。他的植物畫綜合了本草學的植物觀察法以及西洋博物學的觀察法，成就了更符合近代日本的植物畫。富太郎在描繪一株植物時，至少會花費一年的時間仔細觀察植物在同樣土地上隨著四季演變，植物的花朵、綠葉、結果時期，並與同種植物比較分類之後再加以描繪。繁複的線條襯托出他對植物炙熱的專注與耐性，本文也以他在《植物知識》後記中的文末字句結尾，「我相信愛草木，能培養對人的關愛。（略）看草木興衰枯榮，也幫助我大徹大悟，參透人生的意義」「感謝上蒼讓我生來就熱愛植物，令我幸福一生」。

輯一

花

花其實就是植物的生殖器。知名蘭學家宇田川榕庵老師在他的著作《植物學起源》（植学啓源）中，便有提到「花就像動物的陰部，是繁衍後代的器官」。然而花這種生殖器卻如此美麗又有趣，與動物的生殖器簡直是雲泥之別。花不僅一點也不醜陋，還處處充滿優點，先是花瓣顏色繽紛奪目，花香又清新撲鼻。仔細觀察的話，不管是花朵形狀或綠萼，都有值得一瞧的地方。

花是為了孕育種子而生的器官，舉凡花形、花色，以及雌蕊和雄蕊等功能，每一樣都肩負著孕育種子的使命，若不必孕育種子，花兒便毫無用處，也不會出現在植物上了。這也難怪所有的植物都有花，倘若少了花，就必須由其他器官來代替花朵繁衍才行（不過最低等的細菌倒是靠分裂就能繁殖）。

那麼，為何植物需要種子呢？因為種子是繁衍子嗣的根源。有了這個根源，植物的種族才能在地球上生生不息，而負責保護種子的部位，便是果實。

世上的一草一木，無不為了繁衍子嗣而勇於冒險犯難，拚盡全力也要讓自己的種族存活下去，這就是為什麼地球上永遠都會有植物，永遠都能看到它們的身影。這點動物與人類也是一樣的，生物不論高等或低等，都有繁衍的本能，沒什麼不同。一如方才所說的草木，人類生子也是為了讓自己的種族得以延續、免於斷絕，這點絕無例外。倘若人類不生育，便會絕子絕孫，因此我們活在世上，都肩負著延續種族的使命。

從生物學的角度來看，不繁衍子嗣、不履行生育義務的人，無非是在危害人類社會。將不婚主義者歸類為這群人，其實一點也不為過，畢竟他們違背了大自然的法則。只要人類有男有女，都應該尋求配偶，才合乎自然之道。

動物為了繁衍子嗣不惜貢獻一生，這種精神從蟬身上也一覽無遺。雄蟬在盛夏時會不斷鳴叫，拚了命地吸引雌蟬，等到順利配對便從容赴死。接著，牠的屍體會從樹上淒涼地掉到地下，成為螞蟻的食物。

雌蟬雖然會一直活到產卵，但生下卵後也將追隨雄蟬而去。蟬之所以破土而出，一切都是為了繁殖。不論花草、樹木、昆蟲、飛禽、走獸、人類，所有的生物皆是如此。

人們在欣賞花時，除了植物學家以外，往往都只看到它們表面的美，而非讚嘆花兒真正的目的。這對花而言實在太失禮了，真該為花兒掬一把同情淚。

牡丹

使用「牡」字，則是因為那有「春天時，嫩芽從根部破土而出」之意，換句話說，「牡」意味著「茂盛」。

牡丹原產自中國，但如今不僅日本，歐美各國也會種植牡丹。

牡丹以碩大、富麗的花朵而聞名。從現代栽培的品種來看，花形、花色可謂包羅萬象，不僅有紅色、紫色、白色、黃色，也有單瓣、重瓣之分。每每望向盛開的牡丹，我們總會不禁對它雍容華貴、極盡燦爛的模樣讚嘆連連。

對中國人而言，牡丹是丹色的花，比一般的紅花更加鮮豔，因此以「丹」為牡丹命名。使用「牡」字，則是因為那有「春天時，嫩芽從根部破土而出」之意，換句話說，「牡」意味著「茂盛」。雖然現在的情況不得而知，但史料曾記載，在古中國的某個地區，牡丹就如同荊棘一樣繁茂，因此當地居民都會砍伐牡丹當作柴薪。

牡丹隸屬於毛茛科，這一科皆為草本植物，唯獨牡丹是落葉灌木。牡丹與屬草木的芍藥是近親，學名為 *Paeonia suffruticosa* Andr.，種小名 *suffruticosa* 代表「亞灌木」。此外，牡丹還有另一個學名 *Paeonia moutan* Sims.，種小名 *moutan* 為「牡丹」之意，而屬名 *Paeonia* 則源自古希臘眾神的醫生——佩恩（Paeon）的姓名。牡丹的根皮可入藥，無怪乎人們會以這位醫生的名字為牡丹命名。

在現代日本，「牡丹」是通稱。

但在古歌中，牡丹也有「二十日草」、「名取草」等別名，以及「深見草」等古名。方才提到的「二十日草」則是源自藤原忠通歌中的一句：

花開花落二十日。

歌詞旨在讚嘆牡丹能綻放許久。

不過，這恐怕是指整個花期能長達二十天，也就是從開出第一朵花，到花苞接二連三綻放，到枝頭上每一朵花都凋零為止。畢竟牡丹的生命力再頑強，一朵花也不可能開二十天而不枯萎。

在中國，牡丹為群芳之首，人稱「百花之王」，此外也享有「富貴花」、「國色天香」、「花神」等美譽。宋代歐陽修的《洛陽牡丹記》便以歌詠牡丹而馳名。

牡丹樹的高度通常只長到九十至一百二十公分，分枝稀疏，於初春時冒芽，葉片互生[1]，具有葉柄，二回三出複葉[2]。到了五月，枝端會開出碩大的花朵，花徑可達到二十公分左右。花朵底下共有五片宿存萼[3]。花瓣為八片乃至更多片，剛開始向內蜷縮，不久便會舒展開來，釋放香氣後凋零。花中有多體雄蕊[4]，以及二至五個毛茸茸的子房，子房在花朵凋零後會形成乾癟的果實，裂開後露出大顆的種子。

上了年紀的老牡丹，高度可達到一百八十公分以上，樹幹粗壯、枝繁葉茂，

譯註1　葉子交錯排列在每個枝節上。
譯註2　總葉柄頂端有三枚小葉片，兩側有分枝，分枝再長出三枚小葉片。
譯註3　花謝後不脱落，繼續留存在果實上的花萼。
譯註4　花絲集結成好幾束的雄蕊。

僅僅一棵便能開出數百朵花。幾年前，我曾在飛驒高山市的奧田邸見過這種巨大牡丹，不知如今是否健在？在當地，那棵牡丹可謂家喻戶曉，人稱「奧田牡丹」，如此宏偉的牡丹，恐怕放眼全日本也再難找出第二棵了。倘若真是如此，它絕對是日本第一的牡丹。若有人要前往高山市，還請務必去欣賞一下。

芍藥

「夷草」與「夷藥」這兩個名字，代表它來自外國。至於為何叫「顏美草」，大概是因為芍藥的花非常嬌豔迷人吧。

在現代日本，「芍藥」是人盡皆知的通稱。但在古代，人們將芍藥稱為「夷草」或是「夷藥」，在古歌中則稱之為「顏美草」。

「夷草」與「夷藥」這兩個名字，代表它來自外國。至於為何叫「顏美草」，大概是因為芍藥的花非常嬌豔迷人吧。

芍藥原產於西伯利亞大陸至北滿洲（中國東北地區的北部）的原野。早期西伯利亞大陸採到的都是白花種，由俄羅斯學者帕拉斯（Peter Simon Pallas，1741-1811）定名為 *Paeonia albiflora* Pallas 並發表圖解。後來在滿州（中國東北一帶）發現的品種則以粉紅花種居多，但兩者系出同種。種小名 *albiflora* 為「白花」之意。

日本所種植的芍藥應該是傳自中國，如今芍藥栽培在國內已相當普及，美麗的花大受民眾喜愛。在中國，人們則有以芍藥贈別的習俗，象徵著依依不捨之情。

芍藥為宿根型草木[1]，根部可入藥。春天時，根頭會冒出直挺挺的紅色嫩芽，非常賞心悅目。充分成長後，挺立的莖會稀疏地分枝，高度可達九十公分左右。葉片於莖上互生，二回三出複葉，每個枝端各開一朵花，直徑約十二公分上下。花朵底下有五片綠萼，還是花蕾時會圓圓地闔起來。花瓣為平開型，約有十片左右，不過花形、花色變化繁多，甚至有好幾十個園藝變種。花蕊由黃色的多體雄蕊，以及三至五個子房所構成。

譯註1 多年生落葉草本植物。

芍藥的姊妹種，有生長在日本山地的白花品種「山芍藥」，以及粉紅花種「紅花山芍藥」。它們的花比芍藥脆弱許多，卻能結實纍纍，果實成熟裂開後，會露出鮮紅色的內裏，豔麗逼人。

水仙

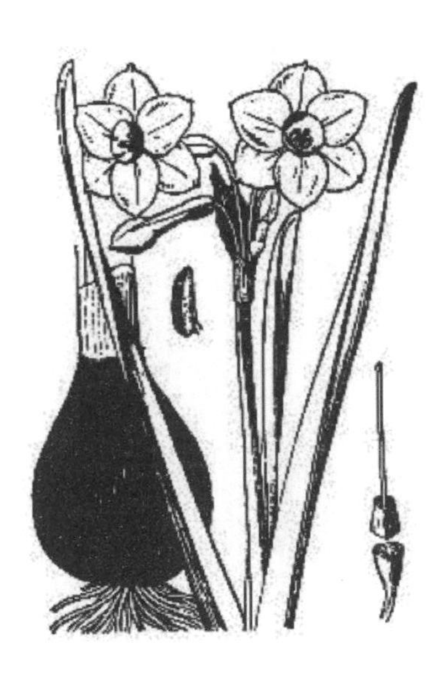

在這開展的六片瑩白色花被中央，立著一尊鮮黃色的盞狀副花冠，配上花朵散發的陣陣清香，高雅脫俗的模樣令人讚嘆不已。

在現代日本，「水仙」是通稱，不過在古日本，水仙也稱為「雪中花」。水仙最早是從古中國傳來日本的，但水仙的原產地其實並非中國，而是從遠古的南歐地中海地區進入中國，再從中國傳至日本的。在中國，人們因為這種草在海邊能種植得很好，而將它取名為「水仙」。「仙」代表「仙人」，或許中國人是想將這種草比喻成脫俗的神仙吧。

水仙屬於石蒜科，學名為 *Narcissus tazetta* L.，種小名 *tazetta* 在義大利文代表「盞」，因為花中的副花冠呈盞狀。屬名 *Narcissus* 為「麻痺」之意，應該是源於水仙所含的生物鹼毒素「那可汀」（narcotine）。

水仙花於初春時綻放，葉片與花莖會從地底的球根（球根為俗稱，正式名稱是「鱗皮鱗莖」）一起直挺挺地往上抽，莖頂會長出好幾朵花，朝橫向生長。花帶有花柄，底下是膜質苞片[1]，花柄頂端連接綠色的子房（植物學中稱為「下位子房」。很多植物的花都有下位子房[2]，例如黃瓜、南瓜等瓜類，以及桔梗花、梨花、蘭花、溪蓀、杜若等等，這些花的子房都處於下位，換言之就是子房位於花的外面），子房上有花筒[3]，花筒末端有六片平開的白色花被，形成清麗的花朵並釋放幽香。六片花被中，外側的三片是花萼，內側的三片則是花瓣。

為求方便，當花瓣和花萼從外觀上分不清楚時，在植物學上便統稱為「花

譯註1　保護花芽或果實的特殊葉片。

譯註2　子房埋入凹陷的花托中並之癒合，花萼、花冠、花蕊都長在子房上面。

譯註3　花瓣底部相連而成的杯狀結構。

被」。在這開展的六片瑩白色花被中央，立著一尊鮮黃色的盞狀副花冠，配上花朵散發的陣陣清香，高雅脫俗的模樣令人讚嘆不已。中國人將水仙花取名為「金盞銀台」，正是在形容銀白色的花之中，托著一尊金黃色的盞。

水仙花的花筒內有六枚雄蕊、一根花柱，花柱從花筒底端矗立，柱頭裂成三半，暗示著子房有三室。花朵底下的子房中蘊藏著卵子，但水仙一如彼岸花及蝴蝶花，不會結果。不過，水仙本來就是靠球根繁殖的，即使不結果，也並無大礙。只不過從這個角度來看，水仙等於是白開花了，有些可惜。打個比方，就像女人不生小孩一樣。

一般而言，水仙花旁會長出四片葉子，營養非常充足時則會長出八片葉子。

水仙葉質地厚實，呈白綠色，帶有毒性，所以不能像韭菜一樣採來食用。埋在地底的球根搗碎後會形成黏稠的糊，據說塗抹在婦女乳癌的患部，具有治療的功效。

水仙原本是生在海邊的植物，而非長在山裡的草。在房州（千葉縣南部）、相州（神奈川縣其中一區）以及其他各州的海濱，都有野生的水仙。但這些並非日本原產，而是種在家家戶戶院子裡的水仙球根不知不覺長出去所形成的。在這些野生水仙生長的地方，可以看到中國人稱「玉玲瓏」的重瓣水仙花，以及較低階的「青花」。

支那水仙經常栽種在水盆裡（「經常」的日文應寫作「能く」，但最近的日本人總是寫錯成「良く」，將can與good混為一談……提出這點就當作我雞婆吧），那是刻意切開球根，將許多花莖取出後人工栽培而成的，而非別種水仙。若日本也有這種處理球根的技術，便能如法炮製將水仙種在水盆裡了。

桔梗

還是花的時候，桔梗的子房是綠色的，上緣有五片狹小的花萼。花朵凋零後，成熟的子房會形成果實，從頂端的小洞冒出黑色種子。

「桔梗」是漢名，來自中國，為現代日本對桔梗的通稱。在古代，桔梗曾叫做「蟻火吹」，但這個名字很早就亡佚了，已不再使用。更久以前，人們也稱呼桔梗為「岡止岐」，不過這也成了死語。「岡」代表生長在山岡上，「止岐」在朝鮮語是「草」之意。「止岐」一字如今仍保留在日本的農業社會中，風鈴草的別名之一「風鈴參」，也就是「沙參」，在農民口中便叫做「止岐」。

根據僧人昌住撰寫的我國第一本漢和字典《新撰字鏡》，方才所提到的「岡止岐」在古代稱為「朝顏」。由此可知，山上憶良於《萬葉集》中吟詠的秋天七草，其中的「朝顏」就是指桔梗。現在種植在庭院裡的蔓草「朝顏」，其實是很久以後從中國來的「牽牛子」，與秋天七草的「朝顏」並非同一物。

桔梗是桔梗科中赫赫有名的草本植物，學名為 *Platycodon grandiflorum* A. DC.。屬名 *Platycodon* 在希臘語是「大鐘」的意思，源自它那大大敞開的花冠造型，種小名 *grandiflorum* 則有「大花」之意。

桔梗是生長在山中向陽處的宿根草，開出的花非常漂亮，人們常將它當作觀賞植物種在院子裡。它的莖直挺挺的，可達九十至一百五十公分，葉片受傷時會流出乳白色的汁液。葉子為翠綠色，背面泛白，葉形頗尖，有寬卵形也有窄卵形，葉緣帶有細鋸齒。葉片幾乎無柄，於莖上互生，也有擬對生或擬輪生[1]。

譯註1 互生葉因生長位置太過擁擠而看似對生或輪生。

秋天時，莖的頂端會分枝，每個小枝端各開一朵大大的五裂鐘形花，呈豔麗的紫色，不過就園藝品種而言，桔梗還有重瓣花、白花、淡黃花、條紋花、大花、小花、畸形花等不同花色。花蕾綻放前會圓圓地鼓起，發出「啵」的一聲後迸裂開來。

花中有五枚雄蕊，以及一根帶有五個柱頭的花柱。雄蕊會先成熟並散播花粉，屬於雌蕊的五個柱頭隨後才會成熟展開，因此桔梗無法接受自己的花粉，必須仰賴昆蟲將其他花的花粉帶過來。換言之，桔梗花無法與自己親上加親，只能聽天由命，植物界的許多花大抵如此。研究花之後，會發現花實在有趣，連石竹都不例外，倘若昆蟲從地球上消失，那麼植物恐怕也會接二連三絕種吧。

還是花的時候，桔梗的子房是綠色的，上緣有五片狹小的花萼。花朵凋零後，成熟的子房會形成果實，從頂端的小洞冒出黑色種子。

桔梗是一種重要的藥用植物，它的根肥大多肉，會直直扎進土壤中，人稱「桔梗根」。春天冒芽時長出的幼苗則是人間美味。

龍膽

人們為何不把它從野外或山上移植到自家院子裡呢？我想，那是因為龍膽就得是野花，否則人們就沒有理由到戶外欣賞龍膽了。

「龍膽」是漢名，為現代日本對龍膽的通稱。根據中國典籍的記載，這種草的葉子宛如龍葵，嘗起來跟膽一樣苦，故名為「龍膽」，不過實際上，它的根比葉子更苦。從龍膽根提煉出來的「龍膽酊劑」，是腸胃藥的成分之一。

龍膽在古代稱為「苦蕒菜」，大概是因為這種草的味道苦苦的吧。在播州（兵庫縣南部），人們稱之為「瘧落」，也是因為它煎來喝很苦，能發揮療效，讓「瘧」疾告一段「落」。另外，它的葉子宛如矮竹（笹）一般，所以也別名「笹龍膽」。

龍膽是宿根草，大多生長在向陽的山區，或是原野的草叢間。它的莖可達三十至六十公分，葉片窄而尖，無柄，於莖上對生[1]，全緣[2]，有三條葉脈，顏色是深綠色，曬太陽後通常會帶點紫色。深秋時，龍膽花會在莖頂同時綻放，也會在枝梢葉腋[3]開花。花朵底下有五片綠萼，形狀尖銳狹長，花冠呈碩大的筒狀，冠口五裂，有褶片[4]。龍膽的花冠對太陽非常敏感，一照到陽光就會盛開，日落後便闔上。

因此雨天時龍膽整日不開花，夜晚也是緊閉的。閉起時，花瓣會扭轉、重疊，像個胖胖的毛筆頭。顏色則是藍紫色，外面通常呈褐紫色，偶爾也有白花。筒中

譯註1　葉子成對長在同一個枝節的兩側。

譯註2　葉緣平滑完整，沒有任何鋸齒。

譯註3　葉柄與莖連接的部分。

譯註4　花冠大裂片之間的小裂片。

有五枚雄蕊與一枚雌蕊，凋零後，宿存花冠[5]中會結出長莢狀的果實，果實裂成兩半並冒出細小的種子。果實成熟後，莖會逐漸枯萎，剩下根保留下來。

龍膽花形碩大而風姿綽約，在百花凋零的晚秋可謂一枝獨秀，令人格外憐惜、愛不釋手。那麼，人們為何不把它從野外或山上移植到自家院子裡呢？我想，那是因為龍膽就得是野花，否則人們就沒有理由到戶外欣賞龍膽了。

龍膽屬於龍膽科，在日本是此科中最具代表性的植物。它的學名為 *Gentiana scabra* bunge var. *buergeri* Maxim.，其中的 var. 是拉丁文 varietas（英文 variety）的縮寫，意思是「變種」。

龍膽屬（*Gentiana*）在日本的類別多達三十種以上，較知名的有「朝熊龍膽」、「當葉龍膽」、「御山龍膽」、「春龍膽」、「筆龍膽」、「苔龍膽」等等。「朝熊龍膽」之名源於這種龍膽產自伊勢（三重縣）的朝熊山，不過土佐（高知縣）的橫倉山也有生長這種龍膽。

當藥（千振）的根部味道極苦，日本人為了健胃，時常將它熬來飲用，不過這種草雖然屬於龍膽科，卻並非龍膽屬，而是其他屬的植物。當藥的學名為 *Swertia japonica* Makino，是登錄在《日本藥典》中的有效藥用植物，秋天到原野便能採收到。

譯註 5 花謝後不脱落，繼續留存在果實上的花冠。

溪蓀

在古時候，人們將方才所提到的菖蒲叫做「溪蓀」，稱呼現在的鳶尾花溪蓀時，則在前面冠上花字，喚為「花溪蓀」。

溪蓀在現代通稱為「溪蓀」，是鳶尾科鳶尾屬鳶尾花（Iris）的一種。但嚴格說來，溪蓀應該要叫做「花溪蓀」，因為「溪蓀」之名已經給了另一種植物。不過，這個用法已經亡佚了，只徒留於古歌等典籍上，所以倒也不必擔心混淆。

那麼方才所提到的古歌，究竟內容為何呢？以下列舉幾首。

溪蓀簪髮時，引頸盼杜鵑。

子規慢慢啼，溪蓀遲遲藥。

溪蓀草根長，奈何生淺沼。

杜鵑聲悠囀，盲戀如溪蓀。

這些歌中的「溪蓀」其實都是指「白菖蒲」，與前面所提到的鳶尾花「溪蓀」是截然不同的植物。（現在日本人將水草「白菖蒲」寫為「菖蒲」也是錯的，因為當初這兩字是引用自「石菖蒲」而非「白菖蒲」，兩種菖蒲並非同種，應該區分清楚）。

在古時候，人們將方才所提到的菖蒲叫做「溪蓀」，稱呼現在的鳶尾花溪蓀時，則在前面冠上花字，喚為「花溪蓀」。後來，人們不再將菖蒲叫做溪蓀，花溪蓀便只留下了「溪蓀」的名稱，進而成為現在的通稱。換言之，它們的名稱是隨著時代而變遷的，在白菖蒲還稱為溪蓀的時代，現在的溪蓀叫做「花溪蓀」，後來白菖蒲不再稱為溪蓀，正名為「菖蒲」，於是溪蓀也不再是花溪蓀，而正名成了「溪蓀」。

人們朗朗上口的江戶時代民謠「潮來曲」中，也有這麼一句：

潮來出島菰草中，溪蓀燦燦惹人憐。

這首歌謠中的「溪蓀」是虛實參半，不可盡信的。歌謠的作者雖然在歌詠溪蓀開得美不勝收，但鳶尾花溪蓀絕對不可能在水生的菰草間開花，因為鳶尾花溪蓀是陸生草，無法於水中生長。與菰草一同生長的水草溪蓀，應是古名溪蓀的「菖蒲」。由此來看，溪蓀（菖蒲）生長在菰草之間確實不足為奇。

然而，開燦爛鮮花的溪蓀是不會長在菰草中的。菰草中的溪蓀（菖蒲）只會開非常不起眼的綠色小花，花穗也怪模怪樣，一般人不太可能認得出那是花。

既然菰草裡開不出歌謠中「燦燦惹人憐」的溪蓀花，只會開非常不起眼的菖蒲花，代表這首歌謠根本就是在胡謅一通。歌謠本身寫得雖美，但從考證的觀點來看，卻是黑白不分、是非顛倒。第一個指出這項錯誤的人便是我，當時發表的論文為《潮來出島民謠的實物考察》，那已是昭和八年，距今十六年前的往事了。

杜若

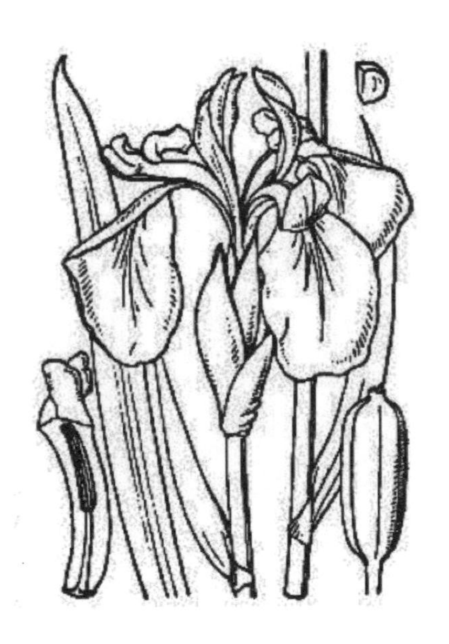

杜若生長在水邊，是濕地的宿根草，能開出鳶尾屬中最鮮豔美麗的紫花。它的葉片是叢生的，色澤呈翠綠色，排列成大大的扇形。

既然寫了溪蓀，那也來談談同屬的杜若吧。

杜若的日文「印染花」（書付花）其實是訛傳而來的。「印染」是指將花搗碎，以花汁染色。古時候的人常以杜若花的汁液為染料，替布料染色。

以下兩首《萬葉集》的歌便是佐證。

淺澤小野生杜若，花開染色穿新裳。

杜若染衣寄兒郎，月來著裝採藥去。

從這兩首歌來看，古人確實經常以杜若花汁替布料染色。（此處的「經常」在日文不能寫成「良く」，詳見〈水仙〉章節）。

距今約十餘年前，我在廣島縣安藝國（縣的西部）北邊的八幡村，曾見到綿延數百公尺的野生杜若花叢，當時是六月，盛開的花海壯觀極了，興奮之下，我摘了好多杜若花，一會兒用紫色花汁染手帕，一會兒在白色襯衫上印染，顏色馬上就滲進布裡，非常漂亮，我也開心得不得了。當時我便趁興寫了一首詩：

吾至鄉野來，杜若染衣裳。
鮮花印巾帕，嬌瓣捻白裝。
我到業平地，高歌復歡唱。

美景如詩畫，不比光琳差。
美兮杜若花，流連又難忘。
偉哉杜若花，煩惱皆拋光。

世人、歌手、排人、學者，所有人都將杜若寫成「燕子花」，還一副理所當然的模樣，殊不知燕子花根本不是杜若。如此謬誤，大家應該謹記於心才是。

那麼燕子花究竟是什麼呢？真正的燕子花是毛茛科的一種飛燕草，名為「翠雀」，學名是 *Delphinium grandiflorum* L.，為陸生宿根草，一串花穗會開出七、八朵燦爛的藍花。它的花形彷彿燕子在翩翩飛舞，故別名「燕子花」。莖則又細又長，挺立時高度可達六十公分左右，葉片是細小的複葉，於莖上互生。這種草生長於中國北方，也就是滿州（中國東北地區）的寬闊原野上，在日本並沒有這種草。

與燕子花同樣錯得離譜的，還有「紫陽花」。日本人深信紫陽花就是繡球花，簡直是大錯特錯。「紫陽花」其實僅出現在中國詩人白居易詩集中的某一首詩裡，是個連中國人都說不出所以然來的神祕植物。繡球花是從海濱植物「額繡球花」改良而來的，為日本土生土長的花，絕對不是中國花，對我們植物學家而言這是常識。

杜若生長在水邊，是濕地的宿根草，能開出鳶尾屬中最鮮豔美麗的紫花。它的葉片是叢生的，色澤呈翠綠色，排列成大大的扇形。初夏時節葉片會抽莖，於莖梢開花。花底下有兩、三枚巨大的綠色苞片，苞裡有三個花蕾，一天開一朵花。

花底下有綠色的下位子房，垂著三片寬大的花萼，花朵非常燦爛，狹窄的三片花瓣會立起來，模樣如同溪蓀。花中的花柱一分為三，頂端有柱頭，三岐花柱底下藏著雄蕊，花葯[1]呈白色。這種花與同屬的溪蓀、花菖蒲、鳶尾花都是蟲媒花，必須借昆蟲的力量，將雄蕊的花粉傳播到柱頭上。花謝後子房會脹大，形成長橢圓形的圓柱狀果實，果實裂開後掉出種子，果內分為三室。

紫花是最普遍的，不過偶爾也有白花的園藝品種，以及白底紫斑花的園藝品種。花萼、花瓣為六片的品種則極其罕見。

杜若的學名為 *Iris laevigata* Fisch.，種小名 *laevigata* 是「平滑而帶有光澤」之意，應該是取名自其葉片的特徵。屬名 *Iris* 有「彩虹」的意思，畢竟這個屬的花色大多繽紛鮮豔，比喻成彩虹再適合不過。

譯註

1 雄蕊頂端的囊狀結構，能產生花粉。

紫草

紫草是生長在山野向陽草叢中的宿根草（多年生草本植物），根肥厚多肉，直入地底，單一，偶有分枝，根皮在初生時呈暗紫色。

《萬葉集》中有這麼一首歌「託馬野上生紫草，染衣未著人皆知」，可見當時人們經常使用紫草當作染料。

紫草是日本名，在中國也叫紫草。它的根是紫色的，能當作紫色的染料，因此人稱「紫草」。紫草的學名為 *Lithospermum erythrorhizon* Sieb. et Zucc.，種小名 *erythrorhizon* 在字面上的意思是「赤根」，但也可以解釋為「紫根」。屬名 *Lithospermum* 為「石頭種子」之意，這一屬的果實就如同石頭一樣堅硬，無怪乎人們以這個字來稱呼它。

紫草是生長在山野向陽草叢中的宿根草，根肥厚多肉，直入地底，單一，偶有分枝，根皮在初生時呈暗紫色。莖部挺立，可成長至六十到九十公分，梢會稀疏地分枝。葉片狹長，呈披針形，無柄，於莖上互生，與莖部同樣帶有絨毛，葉面呈白綠色。梢枝有苞葉，苞腋會開一朵朵白色小花，在綠色草叢中頗為醒目。花朵下的綠萼裂成尖尖的五瓣，花冠為高盆形，花面輻射五裂。花筒內有五枚雄蕊與一枚雌蕊，花柱底下有四個帶耳的子房。

果實是小顆的堅硬分果[1]，呈灰色並具有光澤，播種便能生長，因此栽培紫草並不困難。以前我也種過紫草，畢竟野生紫草數量沒這麼多，要做成染料還是得靠人工種植。顏色漂亮的紫根便當作染料，沒那麼漂亮的便拿去入藥。

譯註1 果實裂成二至數塊，每一塊帶有一個種子。

以前日本人都是以紫根染紫色，稱為「紫根染」，如今都換成了合成染料，紫根染幾乎已不復見。我在幾年前，曾拜託秋田縣花輪町的染坊，幫我以紫根染替絲綢染色，那顏色真是高雅極了，我便用它為女兒做了一件羽織外套。與合成染料的紫色相比，紫根染的色澤並不鮮豔，放在外行人面前還會被嫌棄，但只要是專家都會看得目不轉睛。我又請同一間染坊為我做了茜草染，茜草染的顏色是偏紅的橘色，雖然並不特別亮眼，卻端莊風雅。紫根染與茜草染都是絞染，花樣較為單純。

「紫草」與「武藏野」總會一同出現，儘管現在的武藏野已經沒有紫草了，但據說以前那裡遍地都是紫草，甚至催生了一首膾炙人口的歌「纖纖一紫草，戀戀武藏野」。

想採紫草的人跑一趟富士山腳下的原野，應該就能見到紫草的芳蹤了。

堇菜

「香紫羅蘭」則是園藝品種的堇菜，又名「香堇菜」。它通常開紫色的花，花朵芬芳馥郁，對喜愛香水的西方人而言是不可多得的寶貝。

說起春天的原野，馬上就會聯想到菫菜。菫菜是生長在春日草原上的野花，並未栽培在院子裡。不過在《萬葉集》裡，倒是能見到菫菜的芳蹤「春來採菫菜，夜宿原野中」，足見歌人十分喜愛這種花。

「菫菜」在現代是所有菫菜物種的總稱，其中有一種最高雅的物種，會開深紫色的花，無莖且具有叢生性，名字恰恰叫做「菫菜」，學名為 *Viola mandshurica* W. Beck.。它產自滿州（中國東北一帶），因此種小名為 *mandshurica*（即「滿州的」之意）。

在日本，菫菜其實有上百個物種（若加入變種就更多了），每一種菫菜都是菫菜屬（*Viola*）。由此看來，日本還真是世界第一的菫菜種類大國。

Viola mandshurica W. Beck. 的堇菜為宿根草，葉片叢生在同一株上，具長葉柄，葉面狹長，帶有鈍鋸齒。花莖與葉片同株，抽高後開花，每朵花長在莖頂，朝側邊綻放。花莖途中一定會有狹長且幾乎對生的苞片，花朵包含五片綠色的花萼、五片色彩斑斕的花瓣、五枚蕊與一枚雄蕊。一株堇菜可長一至兩根花莖，營養充足時甚至能長出十餘根，深紫色的花非常燦爛奪目。

五片花瓣中，最底下那片的後面帶有突出的花距[1]。堇菜花雖然是蟲媒花，但現在堇菜類很少靠蟲來結果，而是在花謝後頻頻長出小小的閉鎖花[2]，透過自

譯註1 由花瓣或花萼延伸出來的管狀結構。

譯註2 額外長在花朵外的小花，花瓣退化，不會綻放，含有雄蕊與雌蕊。

花授粉[3]來結出果實，因此怒放的堇菜花其實是白開了。不過這裡所說的 *Viola mandshurica* W. Beck. 堇菜，不僅會在開花後結果，花謝時也會靠著頻頻長出的閉鎖花結出纍纍的果實。

對於昆蟲而言，堇菜的結構是非常友善的。首先，花朵朝著側面，昆蟲來訪時可以輕鬆停在裡面。花瓣是上面兩片、側面兩片、底下一片，底下那片的後方如上段所述，帶有一個花距。

花開後，蜜蜂等昆蟲會相繼報到，前來吸食花朵後面花距裡的花蜜。當牠們把頭埋入花裡，將嘴插進花距中，兩根像槓桿一樣的東西便會碰到牠們的嘴。這兩根像槓桿的東西，是從五枚雄蕊中底下的兩枚雄蕊裡突出來的，當昆蟲的嘴碰到它，雄蕊的花葯就會動起來，將花葯裡粒粒分明的花粉嘩啦嘩啦地撒在昆蟲毛茸茸的頭上。

等到昆蟲吸飽了花蜜，牠們就會頂著一頭花粉告別這朵花，並飛向另一朵花，然後照樣把頭埋進花裡。由於花柱正好延伸到昆蟲的頭頂，昆蟲頭上所沾的前一朵花的花粉，就會碰到花柱頂端的柱頭。柱頭會分泌黏液，黏住昆蟲帶來的花粉。花粉黏住後，花粉內的花粉管會立刻伸出來穿過花柱，直達子房中的卵子，卵子發育後便形成種子，子房也會成熟並化為果實。

譯註3　同一朵花的花粉傳到同一朵花的雌蕊柱頭上。

堇菜類與昆蟲的關係正是如此密不可分，但不論昆蟲再努力，堇菜花還是很少結果，經常白開，實在非常可惜，就如同水仙花、彼岸花一樣。

花謝之後長出的堇菜葉會愈來愈大，形狀呈長三角形，與開花時的葉子形狀大異其趣。

堇菜的果實由三片果殼組合而成，迸開後會一分為三，每一片果殼中含有兩排種子。果殼裂開時，種子就像坐在小船裡一樣排得整整齊齊，等到果殼漸漸乾枯，兩側便會向內收縮、擠壓，最後將種子遠遠地彈飛出去。為什麼要彈飛呢？因為這樣才能擴大幼苗的生長範圍。

不僅如此，菫菜種子還帶有螞蟻愛吃的肉瘤（caruncle）①。當螞蟻發現掉落在地面的菫菜種子，便會將它搬回巢穴，大啗肉瘤，再把吃不了的硬梆梆種子扔到巢穴外。扔出來的種子有些在巢穴旁發芽，有些被雨沖走或被風颳跑，落地才萌芽，於是菫菜就到處繁殖了。白屈菜、黃華鬘、博落迴等植物的種子也像這樣帶有肉瘤，每一樣對螞蟻而言都是佳餚。觀察植物界，就會像這樣發現很多有趣的事情。

還有一個叫做「壺菫」的物種（現在日本植物學界稱之為「立壺菫」，但「壺菫」才是自古以來的本名），是春天最早開紫花的菫菜。在歌人眼中，「壺菫」同

註解1　這個構造應稱為油質體（elaiosome）。

樣占有一席之地，《萬葉集》中便有這些歌：

山吹花野開壺堇，連浴春雨齊爭妍。

淺茅之原採茅花，壺堇遍野種情根。

這些壺堇就像前面所說的，會開燦爛的紫花，而且比其他堇菜更早綻放。在原野上，壺堇比任何植物都早開花，也難怪會令歌人著迷。壺堇的「壺」是「內院」之意，以前的人說壺堇花朵後的花距呈壺形，因此叫壺堇，其實是一派胡言。

日本人自古將堇字寫成「菫」也是大錯特錯，「菫」跟「堇」其實八竿子也打不著，翻遍中國字典，也查不到「堇」就是「堇」的解釋。以前的日本學者也真糊塗，竟然將兩者混為一談。而從古至今，所有的日本人也都被古學者耍得團團轉，也算得上是一項奇蹟吧。

「堇」其實是田園蔬菜，又稱藥芹、旱芹、旱堇，不僅在中國有栽培，朝鮮人也會種來食用。在植物學上，它屬於繖形科，學名 *Apium graveolens* L.，歐美人也常以它入菜，我們熟知的「芹菜」（Celery）便是這種植物。現在它的和名稱為「荷蘭鴨兒芹」，可見「堇」真正的身分確實是「芹菜」，而不是「堇菜」，希望大家都能搞清楚。芹菜種子相傳是在文祿年間慶長之役時，由加藤清正自朝鮮帶回來的，因此芹菜在以前又稱為「清正人蔘」。

「大花三色堇」也是堇菜屬，名稱由來為「一朵花上有三個顏色」。

「香紫羅蘭」則是園藝品種的堇菜，又名「香堇菜」。它通常開紫色的花，花朵芬芳馥郁，對喜愛香水的西方人而言是不可多得的寶貝。日本人並不重視花香，對其興趣缺缺，但西方和中國人卻恰恰相反，非常講究花香。像「素馨」（茉莉花）便是中國人最喜愛的花之一，在市場上都買得到。而「薔薇」，亦即「玫瑰」（日本學者將玫瑰的漢字「濱梨」寫成「濱茄子」也是錯的）同樣備受西方人與中國人推崇，它甜美的香氣很適合泡茶，因此又有「茶香玫瑰」（Tea rose）之稱。

櫻草

櫻草的園藝品種多達兩、三百種，皆由熱情的園藝家精心栽培而來。如此斐然的成績，放眼全世界幾乎無人能出其右，堪稱日本的驕傲。

櫻草在日本是人盡皆知的花草，倍受大家喜愛。名字的寓意也極好，與它的花非常相稱。這個「櫻草」並而非承襲自中國的漢名，而是道道地地的日本名。

櫻草的學名為 *Primula sieboldi* Morren forma *spontanea* Takeda.，其中的 forma 是「品種」的意思，代表這個品種很特別，*spontanea* 為「野生」之意，小種名 *sieboldi* 來自著名的德國植物學家西博爾德（Philipp Franz Balthasar von Siebold，1796-1866），屬名 *Primula* 則有「最初」的涵義，因為這種花很早盛開。

櫻草不僅生長在平原，也分布於高原地區，但並沒有想像中常見。不過在東京地區，田島原野倒是有一大片名列自然紀念物的櫻草花海，信州（長野縣）的輕井澤平原，以及更遠的九州豐後（大分縣）日田地區也有櫻草花。

櫻草是宿根草，種在院子裡也能長得很好，每年都會開花，非常惹人憐愛。櫻草的葉子兩、三片一株，帶有絨毛，具長葉柄，葉面呈橢圓形，有重鋸齒[1]，葉質柔軟而富皺褶。四月時，花莖會從葉子抽高，莖頂開出數朵帶有花梗並排列成繖形花序[2]的小花，花朵下的綠萼裂成五片，花冠呈高盆形，底部為花筒，花瓣平開分成五片，每片頂端裂成兩半，模樣就像櫻花一樣。花的直徑大約為兩公分，花色呈紅紫色，不過偶爾也有白色。花筒內有五枚雄蕊和一枚雌蕊，雌蕊底下有一個子房。

譯註1 葉緣的大鋸齒裡又有小鋸齒。
譯註2 總花梗頂端生出許多花梗近等長的小花，放射狀排列成傘狀。

櫻草的園藝品種多達兩、三百種，皆由熱情的園藝家精心栽培而來。如此斐然的成績，放眼全世界幾乎無人能出其右，堪稱日本的驕傲。

最有意思的是，櫻草（以及同屬其他種）的花朵因株而異，分為兩種。一種是花裡的五枚雄蕊長到花筒入口的正下方，雌蕊花柱偏短；另一種是花的雄蕊長到花筒中央，花柱很高，直達花筒入口。換句話說，前者雄蕊高、花柱矮，後者雄蕊矮、花柱高。

由於天生的限制，這些花無法將自己的花粉傳到自己的柱頭上，而一定得依靠其他東西來傳播花粉。不過有趣的是，這種結構乍看很不自由，卻也不是那麼不自由，因為一定會有使者頻頻到訪，負責傳播花粉——那就是蝴蝶。於花朵上偏偏起舞的蝴蝶，三不五時就會停在花上，當起月老。

假設有一隻蝴蝶飛過來，停在高雄蕊矮花柱的花上。當牠把長長的嘴伸進花裡，吸取花底的花蜜時，嘴上就會沾到高雄蕊的花粉。等到這隻蝴蝶飛往矮雄蕊高花柱的花，將嘴插進花裡，不只矮雄蕊的花粉會沾到牠的嘴上，來自前一朵花高雄蕊的花粉也會沾到高花柱的柱頭上。而這隻在矮雄蕊花上沾到矮雄蕊花粉的蝴蝶，又會將花粉帶到其他矮花柱花的柱頭上。

櫻草花沒有辦法自花授粉，只能仰賴來自其他花的花粉。正是為了讓其他花的花粉與自己的花結合，櫻草花中的雄蕊位置才會上上下下，雌蕊花柱才會高矮不一。大自然的鬼斧神工是不是非常巧妙呢？這麼一來櫻草花便能與他家聯姻，產生強壯的種子，開枝散葉、生生不息。

即使是植物，若只能自花授粉（同一朵花的花粉傳到同一朵花的雌蕊柱頭上）、近親結婚，種子也會愈來愈脆弱，唯有和其他花授粉，透過他家聯姻，才能產生堅韌的種子。植物能有這樣機制，令人嘆為觀止，換作是人類，便是在避免近親婚姻，努力與別族結婚。實際上，近親結婚確實百害而無一利，反倒是與血緣愈遠的人結婚愈好。因此表親結婚並不值得鼓勵，想要生下健康的孩子，還是應該迎娶沒有血緣關係的外人才是。就像前面所說的，連櫻草都在避免近親結婚，努力與他家聯姻，這便是所謂的「人不如草乎」吧？

在日本，櫻草屬的種類大約有三十種左右，舉世聞名、花形最大最燦爛的叫做

「九輪草」。溫室的櫻草以中國產居多，例如藏報春、乙女櫻、小報春等皆遠近馳名。就賞花植物而言，櫻草種類之多可是數一數二的。

向日葵

為什麼這種花會比喻成日輪，也就是太陽呢？因為它碩大的黃色花盤像極了圓滾滾的太陽，而周圍的輻射舌狀花瓣，則宛如四射的光芒。

向日葵別名「日車」、「日輪草」、「望日葵」，原產自美國，但很快便普及到全球，在世界各國都有栽種。日本的向日葵應該是從古中國傳入的，現在國內各州皆有栽培，但日本人種植向日葵純粹是為了欣賞，而非拿葵花籽食用或榨油，因此對日本人而言，向日葵並不是糧食作物。

世人都以為向日葵會朝著太陽的方向轉動，其實是誤會一場。早在幾年前我就指出了這個謬誤，並於當時的報章雜誌發表了《向日葵不向日》一文。向日葵的花是朝側邊綻放的，一點也不會轉向太陽，只要從早到晚盯著向日葵，很快就會真相大白，但也會把自己累得半死就是了。

向日葵追著陽光轉動一說，最早出自中國典籍《花鏡》，文章如下：

「向日葵……每桿頂上只一花，黃瓣大心，其形如盤。隨太陽迴轉，如日東昇則花朝東，日中天則花直朝上，日西沉則花朝西。」[1]

這便是向日葵隨太陽旋轉的中國說法。

向日葵是菊科的一年生草本植物，學名為 *Helianthus annuus* L.，俗稱 **Sunflower**，也就是「太陽花」、「日輪花」。屬名 *Helianthus* 跟 Sunflower 同義，都是指「日輪花」，種小名 *annuus* 則有「一年生植物」的涵義。為什麼這種花會

譯註 1 陳淏子《花鏡》：「向日葵，一名西番葵。高一、二丈，葉大於蜀葵，尖狹多刻缺。六月開花，每桿頂上只一花，黃瓣大心，其形如盤。隨太陽迴轉，如日東昇則花朝東，日中天則花直朝上，日西沉則花朝西。結子最繁，狀如蓖麻子而扁。」

比喻成日輪，也就是太陽呢？因為它碩大的黃色花盤像極了圓滾滾的太陽，而周圍的輻射舌狀花瓣，則宛如四射的光芒。

向日葵中央布滿管狀花，將平坦的花托塞得密密麻麻，底部有下位子房，花冠呈管狀，冠口五裂，管狀結構內有五枚雄蕊合成的聚葯[2]，中央有一根花柱穿過剛才所說的花葯，柱頭二岐。花謝後子房會發育成果實，果實中有一個種子，種皮內含兩片子葉，有胚珠。春天播種很快就會發芽，剛開始綠色的兩片子葉會張開，接著中央會冒出莖並長出葉子，胚珠中含有油脂。

向日葵的莖非常粗壯，高度可達兩公尺以上，看起來就像一根棍子。

它的葉片很大，具長葉柄，於莖上互生，呈寬卵形，有三條葉脈，葉緣帶粗鋸齒，與莖一樣摸起來粗粗的。有的莖頂只生一朵花，有的會分枝，各枝端各生一朵花。依據品種不同，花的大小也有差異，最大的直徑可達二十公分。

向日葵的花跟其他菊科植物一樣，屬於集合花，也就是由許多小花集合成一朵大花。這種集合花在植物學上稱為「頭狀花序」[3]，每一種菊科的花都是頭狀花序，數不清的小花會相依為命，形成一個小社會，大夥分工合作，讓這朵花欣欣向榮，這樣才能孕育出大量的種子。

譯註2 雄蕊花絲彼此分離，但花葯連在一起。

譯註3 花軸縮成盤狀，頂端長出大量無花柄的小花。

向日葵的花屬於蟲媒花，當昆蟲前來吸取花蜜，爬過花盤上數不清的小花時，小花們就會一同授粉，這種神奇的結構在其他菊科植物上也看得到。

方才所說的分工合作，指的是花盤上的管狀花專門負責生殖，周圍的舌狀花則除了生殖還兼招牌吸引昆蟲，如此分工下來，便能巧妙地授粉。向日葵種子的分布也是巧奪天工，無怪乎大家都說菊科是地球上最進步、發達的花。不僅如此，菊科植物的種類也比其他科更豐富，充滿優勢。

向日葵有一種同屬的姊妹種，叫做「菊芋」。菊芋的學名為 *Helianthus tuberosus* L.（種小名是「塊莖」之意），俗稱 Girasole 或 Jerusalem artichoke，原產於美國及加拿大。它就如同地中海的洋芋（稱「馬鈴薯」實在大錯特錯），會長出可食用的塊莖，但成分並非澱粉，而是菊糖（跟牛蒡一樣），可惜吃起來沒什麼味道，並不可口，無法成為人們眼中的美食。不過菊芋倒是可以製糖，絕非一無可取。

百合

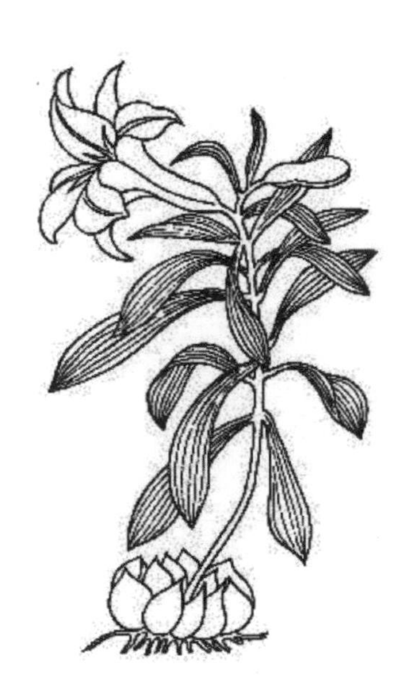

百合花是明顯的蟲媒花，蝴蝶則是頻頻來採蜜的熟客。百合繽紛的花色是吸引昆蟲蒞臨的招牌，花香則是引導昆蟲上門的指南。

中國有一種開白花的百合，是中國的特有種，在日本是看不到的，「百合」就是專門指這種開白花的百合（*Lilium* sp. 種小名不詳）。

百合的地下球根（在植物學上稱為「鱗莖」）有許多鱗片層層疊疊，這便是「百合」一名的由來。

不過，日本學者所說的百合其實是「笹百合」（學名 *Lilium makinoi* Koidz.）。笹百合為日本特產，並非源自中國，因此這種百合當然不能以中國的百合命名，畢竟兩者根本不同。日本人以為「百合」就是百合花的總稱，實在是誤會一場。

日本產的百合種類雖多，卻沒有一種是「百合」，故此名不能套用在日本任何一種百合上。日本女孩常取名為「百合子」也是將錯就錯，如果想叫這個名字，應該維持片假名「ユリ子」就好，而不該寫成漢字。

承上，其實就字面意義來看，日本的百合「ユリ」都不該叫做百合。「ユリ」一詞語源不明，古人曾將「ユリ」稱為「佐韋」，但由來並不清楚。另有一說是因為百合的莖很高，花又沉甸甸的，風一吹來，花朵便微風搖曳，才有了「ユリ」（音同「揺り」）這個名稱。

每一種百合都是宿根草，地下有鱗莖（俗稱球根），這些莖是百合的生命之源。換言之，即便莖葉凋零，鱗莖也會活著，不會輕易枯死。

鱗莖由白色或黃色的鱗片重疊而成。這些鱗片實際上是變形的葉子，它們在地底負責儲存養分，蓄積了大量澱粉而變得肥厚多肉，人類也可食用。鱗片會相擁成塊，變成一顆球，球底下有叢生的鬚，這些鬚才是百合真正的根。百合的鱗莖會抽出一根筆直的莖，這根莖埋在地底的部分也會從兩側生出真正的根。

從鱗莖、即球根挺立而出的莖，上面會生滿狹長的互生葉，葉稍多分枝，會開花，每朵花皆清麗脫俗、香氣馥郁。有些花向上開，有些向側邊開，有些則向下開，皆有花柄。

百合花的花被（當花萼、花瓣長得一樣時，在植物學上統稱為「花被」）共有六片，分成內外兩圈，外圈三片是花萼，內圈三片是花瓣，花被底部內側經常分泌花蜜。花裡有六枚雄蕊，每個雄蕊都矗立在花被前，長長的花絲頂端有搖曳的花葯，花葯會抖落大量的花粉。這些花粉具有顏色，一旦沾到衣服，顏色就很難洗掉，令人傷腦筋，因此有些人很討厭百合花。

百合花底部立著一個綠色的子房，子房頂端連著一根長長的花柱，花柱末端的柱頭像三顆球連在一起，黏黏滑滑的非常適合授粉。方才所說的花中子房，在植物學上稱為上位子房[1]。

百合花是明顯的蟲媒花，蝴蝶則是頻頻來採蜜的熟客。百合繽紛的花色是吸引

譯註1　子房只有底部與花托相連，花的各部位都長在子房下的花托上。

昆蟲蒞臨的招牌，花香則是引導昆蟲上門的指南。當蝴蝶訪客將牠長長的嘴插進花裡，吸取花被底部內側分泌的花蜜時，牠的身體和嘴就會碰到花葯，沾上花粉。等牠飛到其他的花上，先前沾到的花粉就會自然而然黏到雌蕊的柱頭上。換言之，花跟蝴蝶其實是互惠的，如此一來百合子房中的卵子便會發育成種子，成為繁衍後代的根本。

在所有百合的種類中，最廣為人知的就是「鬼百合」（虎皮百合）了。這種百合產自中國，名為「卷丹」，因為它的花被是反捲的，顏色又呈丹紅色。鬼百合的球根，也就是鱗莖是白色的，可以食用但略帶苦味。這種百合的特色是葉腋會長珠芽[2]，當珠芽落地，便會生出幼苗，對繁殖非常有利。

鬼百合常見於花圃，不過到處都有野生的。我遇過最有趣的，是去東京旅行時，在農家的大茅草屋頂上看到好幾株盛開的鬼百合，別有一番風韻。鬼百合的花通常是單瓣，偶爾也有重瓣，稱為「八重天蓋」，「天蓋百合」便是鬼百合的別名之一。

「山百合」是一種非常漂亮的百合，關東各地都有野生的，家家戶戶也會種植。它的花朵極大，盛開時香氣撲鼻。花被基本上呈白色，單面帶有紅褐色的斑點。花被中央有一抹深紅的稱為「紅筋山百合」，為珍貴的園藝品種。「白王」則是花被潔白無斑，但中央有一抹鮮黃，這也是園藝品種。

譯註2　一種微小的鱗莖。

山百合的球根是上好的食材，自古便有「料理百合」之稱。依據產地不同，山百合也有「吉野百合」、「鳳來寺百合」、「叡山百合」、「浮島百合」等別名。其實「山百合」原本是「笹百合」的別稱之一，但這麼一來名字就重複了，因此將山百合稱為「吉野百合」或「料理百合」會更好，畢竟「山百合」這個名字聽起來也土裡土氣的，不夠高貴。

山百合是日本的特產植物，並不產於中國，所以並非中國名。日本學者將中國典籍《汝南圃史》中的「天香百合」與「山百合」劃上等號，當然也是謬誤。

在出口上，山百合的地位舉足輕重。日本從以前便經常出口山百合根到國外，往後這項貿易應該會更加興盛。

「笹百合」在關西各州的山區隨處可見，但當地人卻鮮少種笹百合，此外於關東一帶也能見到它的芳蹤。笹百合的莖可達九十至一百二十公分，花色高雅，呈粉紅色，模樣溫柔婉約。前面曾提到這種百合也叫「山百合」，另外也有「小百合」的別名。「小百合」是「五月百合」的略稱，名稱由來是它會在皋月（農曆五月，相當於國曆六月）開花。

「鹿子百合」的花極為嬌豔，花色粉紅，帶有深邃的紅斑。在日本的百合中，它的花色是最優雅的。這種百合野生於四國、九州地區，總是長在峭壁上，莖會向前突出，彷彿伸出一支釣竿，頂端的花朝下綻放。在土佐（高知縣）一帶，這種百合叫做「崖百合」，因為當地人都將峭壁稱為「崖」。變種有白花品種與粉紅花品種，開粉紅花的新稱為「曙百合」，開白花的則稱為「白玉百合」，兩者皆是園藝品種。

「麝香百合」原產於沖繩地區，筒狀的潔白花朵向側面綻放，香氣馥郁。這種百合在筑前（福岡縣東北部）的典籍中叫做「高砂百合」。麝香百合也是著名的出口百合，球根總是大量賣到國外。

「寬葉天香百合」原產於伊豆七島中八丈島南邊的小島——青之島，在日本的百合中，它的花朵最龐大，花色潔白、香氣逼人、雍容華貴，堪稱百合屬中的女王。它的球根也很碩大，鱗片肥厚多肉，呈黃色，就食用百合而言實屬上乘。

「透百合」便於種植，容易開花，花色有紅、黃、樺（橙）等色。花朵向上綻放，花被底端大多透明，故名為「透百合」。在各地海岸的野生百合中，舉凡「外濱百合」、「天目百合」、「濱百合」、「岩戶百合」等開樺色花的百合，原種都是透百合。到東京附近的房州（千葉縣南部）、相州（神奈川縣）、豆州（伊豆半島與伊豆七島）就能看見它們。

「小鬼百合」與「鬼百合」相似，但體型較小，因而得名。也有人因為其葉片狹長，叫它「條葉百合」。小鬼百合野生於山中向陽的草地，像鬼百合一樣開丹紅色的花，花被具暗褐色斑點，球根可食用。

「姬百合」花如其名，彷彿公主般惹人憐愛。雖然關西地區到九州的山野都能見到野生姬百合，但數量其實不多。它的莖可達六十至九十公分，狹長的葉子於莖上互生，莖梢有少量分枝，會向上開豔麗燦爛的鮮紅色花朵。它還有一個變種叫做「姬小百合」，這種百合莖部細長，莖末會開一到兩朵花，為園藝品種而非野生種。

「車百合」的葉子彷彿車輪，因而得名。莖梢會開一至數朵花，花被反捲，表面帶有暗斑。它是高山植物的一種，在羽前（山形縣）的飛鳥偶爾可以見到。

前面介紹了姬小百合、漢蒜百合、透百合、野百合、笠百合等種類。另外還有一種獨樹一格的百合叫做「姥百合」，它雖是百合屬（Lilium）的植物，但我認為應該要從百合屬獨立出來，歸類到大百合屬（Cardiocrinum）。因為姥百合的葉子和其他百合都不同，是寬闊的心臟形，帶有網狀脈，一根莖會橫向開數朵花，花色綠白，左右對稱，鱗莖的鱗片也極少，花一開，鱗莖便會腐壞，只在旁邊留下一、兩株幼苗。這一屬的花在日本有兩種，一種是姥百合，另一種是大姥百合，印度喜馬拉雅山所產的大百合「喜馬拉雅大百合」便是這一屬。

日本是全球第一的百合出口國，每年都會將大量球根賣往海外，即使出口因為戰爭而一度停擺，將來一定也會再造盛況，這對我國園藝界而言實是一大喜事。出口量第一的百合為山百合，其次是麝香百合，鹿子百合居第三。這些百合都是在日本盡量將球根養大再出口的，買家只需要花一年，將球根養得更胖，隔年就會開出賞心悅目的百合花。花開後，虛弱的球根便會遭到丟棄。

這就是為什麼每年國外都會不斷向日本進口百合球根，只要買家對百合的喜愛不變，貿易便會持續下去，日本就會有老主顧不斷上門，更棒的百合也會推陳出新，真是萬歲萬萬歲。

花菖蒲

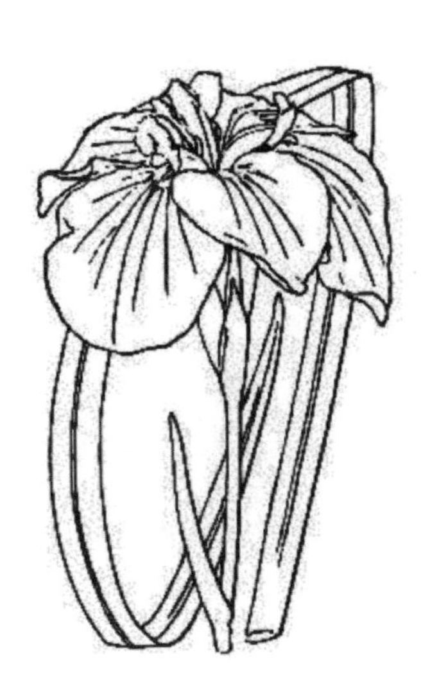

花菖蒲最早是以日本山區野生的野花菖蒲為基礎，反覆栽培、改良而來的，因此野花菖蒲其實是園藝花菖蒲的親株。

花菖蒲是全世界鳶尾花中的女王，也是日本引以為傲的特產植物，然而美國已有花菖蒲協會，日本卻連個像樣的會也沒有，實在丟臉，因此我致力提倡成立花菖蒲學會，絕不能輸給國際。

在全世界各式各樣的鳶尾花中，唯獨花菖蒲在單一物種下擁有豐富多變的園藝品種。這項成績是日本創下的，因為日本正是花菖蒲的原產國。實際上，花菖蒲已有數百種。

日本的花菖蒲應該要揚名國際，最好能選一個適當的地方，設計大型的花菖蒲園，蓋一座占地至少十公頃的大花圃，網羅形形色色的種類，讓西方人大吃一驚。如今來日觀光團愈來愈多，建造大規模的花菖蒲園，可謂意義非凡。現有東京附近的堀切、四之目的花菖蒲園規模都太小了，根本不值一提。

花菖蒲最早是以日本山區野生的野花菖蒲為基礎，反覆栽培、改良而來的，因此野花菖蒲其實是園藝花菖蒲的親株。據說古人曾摘取岩代（福島縣西部）安積沼的花菖蒲改良為園藝植物，此話應該不假。

有人說「花勝見」這種植物是花菖蒲的原種，在我看來簡直是無稽之談。古歌「安積沼中花勝見，巧遇伊人能幾何？」中的「花勝見」指的其實是菰草，也就是真菰所開的花，與花菖蒲一點關係也沒有。人們為了美化園藝花菖蒲，穿鑿附會引用這首歌，著實荒唐可笑。

花菖蒲的花千變萬化、有數百種。以前三好學博士在大學任教時，曾撰寫《花菖蒲圖鑑》一書，實在是惠我良多。多虧這本圖鑑，我們才能一窺明治末年前後的花菖蒲品種。只不過，「花菖蒲」這個名稱也是積非成是，因為花菖蒲屬於鳶尾花，根本不是菖蒲。

花菖蒲的結構與溪蓀、杜若一模一樣，差別只在於花朵器官的大小、寬窄，以及花瓣顏色的不同。最外面的三片大花被是花萼，較窄的三片是花瓣，三枚雄蕊藏在寬大的花柱分枝底下，花葯呈黃色，中央的大花柱一分為三，末端有柱頭。花菖蒲屬於蟲媒花，蝴蝶們跑來後就會沾到柱頭上的花粉，花朵底下有一個綠色的子房，頂著直立的花，子房有小柄，底下有兩片簇擁花朵的偌大鞘苞。

花菖蒲一般都是種在泥沼地，但栽在旱田中也能開花。它是宿根型草本植物，地下莖橫向匍匐，莖部挺立，有少數莖葉互生。初夏時莖頂會開燦爛的大花，葉片直立如劍，呈白綠色，基部有左右環抱的葉鞘，葉面中央有隆起的葉脈。花謝後結果，果實成熟後裂開，露出褐色的種子。

花菖蒲的原意是「會開花的菖蒲」，碩大的葉片與菖蒲葉極為相似。菖蒲是中國名，也就是漢名，但花菖蒲其實並非菖蒲，而菖蒲也應該寫作「白菖蒲」才正確，否則就會變成在指「石菖蒲」。石菖蒲雖然也是菖蒲屬（*Acorus*），卻是生長在溪間的矮小常綠宿根草，與冬天沒有葉子的菖蒲大異其趣。

端午節所使用的水生菖蒲在古代稱為「溪蓀」，它的根非常長，因此採菖蒲又叫「拉溪蓀」。古歌中所有的溪蓀都是水生菖蒲，而非鳶尾花溪蓀。在菖蒲還稱作溪蓀的古代，鳶尾花溪蓀則叫做「花溪蓀」。後來菖蒲屬溪蓀的名字亡佚，正名為「菖蒲」，花溪蓀的名號也就跟著消失了，正名為「溪蓀」。

花菖蒲的母株，也就是原種的野花菖蒲，在關西地區稱為「穗德花」，但名字的涵義現在已無從考證了。有人說道祖神的祭典叫做「歲德祭」，或許就是因為它會在祭典時開花，才有了「穗德花」之名。然而「穗德」與「歲德」畢竟有一字之差，但也不排除「穗德花」應寫為「歲德花」。至於野州（栃木縣）日光赤沼之原群生的野花菖蒲，則叫做「赤沼溪蓀」。

這種野花菖蒲在任何地方都是開紫紅色的花，至少我從未見過它開其他顏色的花。花兒十分嬌豔迷人。

彼岸花

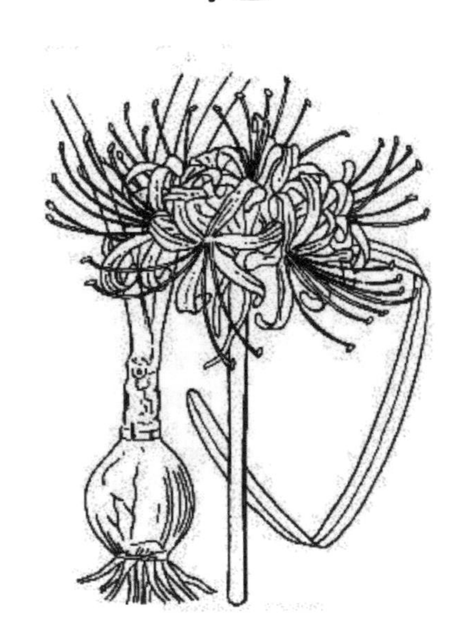

奇妙的是，不論花開得多麼茂盛，彼岸花都不結果。不過即使不結果，彼岸花還是能繁殖，真是一種好命的草。

彼岸花會在秋天的岸邊開花，因此名為「彼岸花」，一般也稱為「曼珠沙華」。這個名字來自梵語的「曼珠沙」，而曼珠沙其實就是「紅花」的意思。然而印度並沒有這種草，只是因為花是紅色的，日本人便將它命名為「曼珠沙」，加上「華」字就成了「曼珠沙華」也就是「曼珠沙花」。其中國名叫做「石蒜」，因為它的葉子就像蒜頭一樣，在中國又生長於石子地，便有了這個稱呼。

彼岸花遍生於日本各地，開鮮紅色的花朵，色彩鮮豔奪目，因此人人都認得這種花。但由於它是一種毒草，無人喜愛栽種，只能永遠是野草。明明花開得那麼美，卻總是教人敬而遠之。

彼岸花因為異常顯眼，在各地有十幾種方言別名，像是「死人花」、「地獄花」、「狐花」、「狐火把」、「狐尾巴」、「棄子草」、「舌曲」、「舌拗」、「手腐花」、「幽靈花」、「拔牙草」、「疫病花」，聽了令人毛骨悚然，不過也有「葉不見花不見」、「野火炬」、「火焰草」等風雅的名字。它的學名為 *Lycoris radiata* **Herb.**，屬於石蒜科，種小名 *radiata* 是「放射狀」的意思，因為它的花會在莖頂呈放射狀綻放，宛如車輪。

當彼岸花在野外、山上、墳場、土堤連綿盛開、形成花海，看起來就像失了火一樣。開花時的彼岸花沒有葉子，只有花莖高高挺立，末端會開出四、五朵圓形大花，包含六片反捲的花被、六枚雄蕊，以及一根埋在底下的雌蕊花柱。下位子房為綠色，每個都帶有花柄。

奇妙的是，不論花開得多麼茂盛，彼岸花都不結果。明明有成千上百的花，偶爾結個果也沒什麼損失，卻偏偏一顆也沒有，因此它的花等於是白開了。不過即使不結果，彼岸花還是能繁殖，真是一種好命的草。它的地下球根（學術上稱為鱗莖）會逐漸分裂，形成許多幼苗，因此彼岸花總是連綿一片，因為那是從一個球根分裂成兩個球根、三個球根，乃至多個球根而來的結果。

花朵凋零後，彼岸花會冒出幾條細細長長的綠葉，過冬後於隔年三月時枯萎。到了秋天，地底鱗莖冒出的花莖會開花，每年反覆不息。由於開花時不見葉子，有葉子時又不見花，因此彼岸花素有「葉不見花不見」的別名。它的鱗莖呈球形，包覆著黑皮，裡面是層層相疊的白色組織。這一層層組織其實是葉子根部形成的鞘，裡頭儲滿了澱粉當作自身養分，就和水仙球根、野蒜球根一樣，具有異曲同工之妙。形狀則宛如大大的圓筒，一層疊過一層。

近年來有澱粉公司專門採收彼岸花的球根碾碎，製成白色無毒的優質澱粉，供民眾食用。其實彼岸花的球根含有一種叫做「石蒜鹼」的毒素，但只要將球根搗碎、沖水，把毒素洗淨便可食用，從這個角度來看，彼岸花也算得上是一種糧食作物。

這種草的花莖咬起來味道十分噁心，一吃就知道有毒。不過女孩子倒是經常拿它來玩耍，她們會把莖一小截小一截地折斷但保留住皮，這樣斷裂的莖就為變得像串珠一樣。

《萬葉集》裡有一種叫做「壹師」的植物，我很肯定這種植物就是曼珠沙華。這個見解是我提出來的，至今為止無人反駁。那首歌如下：

道旁灼然壹師花，如吾愛妻名遐邇。

歌中的「灼然」一詞，將曼珠沙華那燃燒般的鮮豔紅花形容得維妙維肖。然而「壹師」這個方言現在已經完全聽不到了，可見這應該是某個很小的地方所流行的名稱，現在已經亡佚。

曼珠沙華，也就是彼岸花、石蒜原產於日本和中國，其他國家都沒有。由於外國人酷愛球根植物，曼珠沙華的球根也從很久以前便大量出口到海外。

翁草

那麼，為什麼這種草叫做「翁草」呢？因為花謝之後，它的莖頂會長出一大叢亂蓬蓬的白毛，彷彿一位白髮老翁，人們便稱它為「翁草」了。

春天到山裡去，常會看到一種有點特別的草，叫做「翁草」。這種草上上下下布滿了白色的絨毛，外型與其他草大異其趣，看起來既稀奇又好玩。它的葉子是分裂的，從植株上長出的花莖可高達十幾公分，會開花。花總是低著頭，常側邊綻放，照到太陽便盛開。花朵外層有許多白毛，六片花被（其實這些都是花萼，只是長得像花瓣）內層呈暗紅色。花中有多體雄蕊（花絲集結成好幾束的雄蕊）和雌蕊群。日本學者以漢名「白頭翁」為這種草命名，其實根本就錯了。白頭翁是另一種酷似翁草的草，產於中國、朝鮮，在日本是看不到的，因此將日本的翁草稱為「白頭翁」實為謬誤。

那麼，為什麼這種草叫做「翁草」呢？因為花謝之後，它的莖頂會長出一大叢亂蓬蓬的白毛，彷彿一位白髮老翁，人們便稱它為「翁草」了。這些亂蓬蓬的白髮，其實是從果實頂端長長的花柱上生出來的白毛。

除了翁草以外，這種草在各地也有不同的方言名稱，像是「赤熊草」、「稚兒花」、「貓草」、「團上草」、「白熊」、「狐狸嗷嗷」、「爺鬚」、「善界草」等等。善界草一詞來自歌謠，歌中的「善界坊」（天狗）總是頂著「赤熊」（以犁牛毛製成的紅色假髮），便有了這個別稱。

《萬葉集》中也有一首歌在吟詠這種草：

美宇良崎生貓草，佳人如斯復傾心。

其中的「貓草」就是指翁草，由於它的花長滿白毛，人們便喊它為「貓草」了。

翁草生長在山野的向陽處，春天很早開花，小孩見了覺得有趣，都會採它來玩。它的葉片在花朵凋零後會變大，根肥厚粗壯，為多年生，每年植株頂端都會冒出花朵和葉片。

翁草隸屬於毛茛科，學名為 *Anemone*① *cernua* Thunb.，又稱 *Pulsatilla cernua* Spreng.，種小名 *cernua* 為「垂首」之意，也就是「低頭」，源於它花的姿態。

註解 1　Anemone，台灣稱為銀蓮花屬，相近的常見物種為小白頭翁。

秋海棠

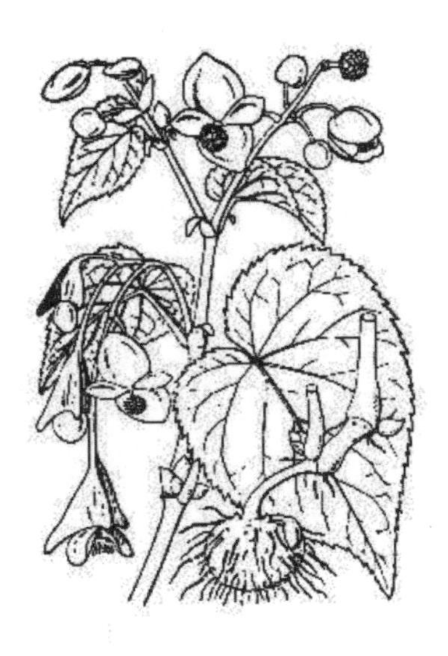

在中國典籍中，秋海棠素有「八月春」這個芳名，古人稱它為秋色第一，讚美它嬌俏柔媚的花朵彷彿懶於梳妝的美人。

秋海棠是原產自中國的植物，在古代於寬永年間傳入日本，目前各地都有繁殖，大多為人工栽培。有時在寺廟後院也能看到野生的秋海棠，但那並非天然野生種，有些人以為那就是野生秋海棠，在我看來完全是誤會一場。

日本的「秋海棠」一詞源自它的中國名。除此之外，秋海棠也有「瓔珞草」、「長崎草」等別稱。

「瓔珞草」一名來自它開花時的模樣，「長崎草」則是源自傳入日本時的地點。秋海棠隸屬於秋海棠科，學名為 *Begonia evansiana* Andr.，這種秋海棠屬（*Begonia*）的花草大多是溫室植物，每一種莖葉都含有草酸，嘗起來具有酸味。

秋海棠是宿根草，冬天無莖也無葉，春天時黑抹抹的地下塊莖，也就是球莖會冒芽，一旦種進土裡，每年都會開花。莖立起來可高達六十至九十公分，有分枝，葉片寬大具葉柄，於莖上互生，葉面呈歪歪的心臟形，左右不對稱，葉形和其他植物的葉片大不相同，質地與莖一樣都很柔軟，底色翠綠但泛紅，十分美觀。

莖的上側有分枝並長出花柄，開低垂的美麗紅花，其中有雄花也有雌花，雄花內有黃色花葯簇擁成球的雄蕊，雌花則是底下有一個帶三片翅膀的子房。像這樣一個植株上同時有雄花與雌花，在植物學上稱為「一家花」，也就是雌雄同株。

在中國典籍中，秋海棠素有「八月春」這個芳名，古人稱它為秋色第一，讚美它嬌俏柔媚的花朵彷彿懶於梳妝的美人。此外也有民間傳說，稱古代有一名女子望穿秋水，思念良人，良人卻遲遲不歸，她的淚水落到地上，便長出了這種花。由於此花顏色嬌豔，如女人一般，故也有「斷腸花」之名。秋海棠的花確實就像淡妝的美女一樣，令人沉醉於它的千嬌百媚。

秋海棠易於栽培，種在後院每年都能開得花團錦簇。它的莖上有小珠芽，落地後就會冒芽，長出新的植株。

日本並沒有土生土長的秋海棠科植物，只有從外國傳入的。養在溫室的「大王秋海棠」（尖蕊秋海棠）葉片寬大，深綠色的葉面帶有白斑，是廣為人知的觀葉植物。

魚腥草

它在各地也有「和尚草」、「佛草」、「蛇草」、「毒草」、「死人花」等方言別稱，畢竟它會發出噁心的臭味，令眾人唾棄，所以不少稱呼都很難聽。

有一種隨處可見的宿根草叫做「魚腥草」，它會叢生在家家戶戶旁，摘下來有一股令人厭惡的腥味，因此無人不知、無人不曉。在民間，魚腥草也以入藥而聞名，人們會用它驅除體內的毒素，所以「魚腥草」一詞也有「毒害」、「排毒」等涵義。此外，魚腥草也能拿來洗頭、沐浴和泡澡，可見主要用途就是排毒。在佐渡地區，當地人稱之為「毒捲」，大概也是排除毒素的意思。

這種草在中國稱為「蕺」，又叫「蕺藥」或「蕺菜」，在日本則統稱為「魚腥草」。由於它帶有腥味，故別名「犬嘔草」，又因為地下莖白而細長，而有「地獄傍」之稱。此外，它在各地也有「和尚草」、「佛草」、「蛇草」、「毒草」、「死人花」等方言別稱，畢竟它會發出噁心的臭味，令眾人唾棄，所以不少稱呼都很難聽。在養馬一途上，它具有十種藥效，故又稱「十藥」，但這不過是湊巧罷了，

「十藥」一詞真正的來源是「蕺藥」的諧音。

魚腥草在春天冒芽，這些芽是從在地底蔓延的細長地下莖長出來的。它的莖可達到三十公分左右，葉片全緣，呈圓圓的心臟形，背面帶有紫色，葉片厚實，於莖上互生，葉柄上有托葉[1]。莖梢會開直徑一到兩公分的白花，花朵看似有四片花瓣，實際上那是裝成花瓣的特殊葉片——苞葉，花中央矗立著一根花軸，上面長滿密密麻麻的小花，那些花都是裸花，沒有花萼也沒有花瓣，只有三枚帶黃色花葯的雄蕊與一枚雌蕊，結構非常單純。相對的，四片白色苞葉就責任重大了。

譯註1　於葉柄基部或葉腋處連接莖葉的組織。

苞葉亮眼的白色相當於招牌，負責吸引昆蟲，昆蟲被白色的招牌引誘，便會從附近的花飛來，停在花軸上當起月老。不過，昆蟲可不是白來的，牠們的目的是互惠，吸取花中的花蜜。這種草會叢生出一大片，看著白色的花探出頭來，在綠葉陪襯下四處綻放，別有一番樂趣。

魚腥草非常難拔，因此很難根除，拔了也會不斷長出來。這是因為它在地底有一條細長且匍匐生長的白色地下莖，拔苗時只有苗被拔除，莖依然留在地底，剩下的莖便再度長出新苗了。這種地下莖蒸熟可食用，有些地方的人也會採它的澱粉來吃。

這種草原產於日本和中國，在歐美看不到。歐州人覺得它很罕見，便將它悉心栽培在植物園內。

魚腥草屬於三白草科，*Houttuynia cordata* Thunb. 為世界通用的學名。屬名取自荷蘭學者胡圖恩（Maarten Houttuyn，1720-1798）的姓氏，種小名 *cordata* 是「心臟形」的意思，命名自它的葉形。

錨草

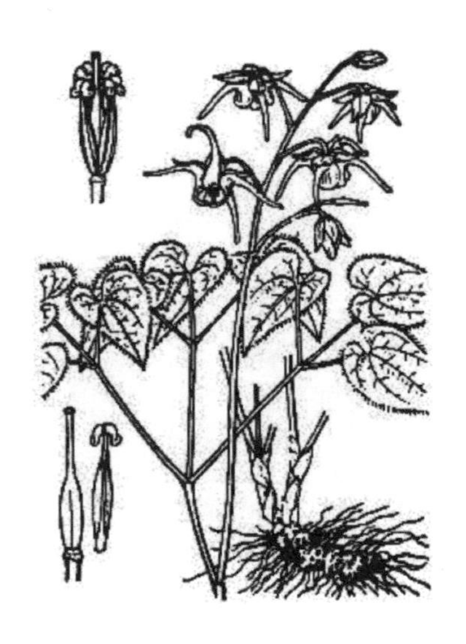

錨草花具備花萼、花瓣、雄蕊、雌蕊，這在植物學上稱為「完全花」。它的花還帶有長長的花距，花距朝四方突出，向下並略為彎曲，相當於錨爪的部位。

「錨草」一名來自它的花形，這種花看起來就像垂下的船錨，模樣十分有趣。它可以栽在院子裡，也能種成花盆，花開時別有一番樂趣。錨草易於栽培，韌性極強，一旦種進土裡，每年季節一到便會開花。

春天時，錨草短短的花穗會與嫩葉一同從莖上冒出，開數朵花，花形極為罕見。只要種在地上，它就會蓬勃生長，每年都開花，東京附近的櫟木林裡到處都有野生的錨草，不妨採來種種看。依種類不同，有些也開白花，不過東京近郊附近的都是開淡紫色的花。

錨草花具備花萼、花瓣、雄蕊、雌蕊，這在植物學上稱為「完全花」。它的花萼原本有八片，但外側小小的四片很快就會脫落，僅留下內側的四片，這四片就像花瓣一樣，呈卵狀披針形，尖而平開。花瓣則有四片，與前述殘留的四片花萼組成花的主體。它的花還帶有長長的花距，花距朝四方突出，向下並略為彎曲，相當於錨爪的部位。

長長的花距底部會分泌花蜜，等待昆蟲上門採蜜。錨草花屬於蟲媒花，當有著長長嘴巴的蝴蝶飛來，吸取花蜜時，牠的頭就會埋進花裡，頭上沾滿花粉，這些花粉會被牠帶往其他花的花柱柱頭上。接著，花柱底部的子房就會孕育成果實。

它的花裡有四枚雄蕊，長長的花葯上有葯瓣，葯瓣會從底部向上捲起，露出黃色的花粉，形狀十分獨特，這種花葯的型態在植物學上稱為「瓣裂」。此外它還有一根雌蕊，上面有綠色的子房與幾乎等長的花柱，頂端有柱頭能授粉。

錨草長長的莖會在從地下莖冒出來，莖頂一頭結花穗，另一頭長葉片。葉片有長柄，並分成三柄，每一柄再分出三根小柄，小柄皆帶有綠色小葉。它的葉片呈心臟尖卵形，葉緣有針狀齒，花朵凋零後葉質會變硬。小葉共有九片，因此在中國又叫做「三枝九葉草」，不過「淫羊藿」才是它的本名，更是這類草的總稱。

為什麼錨草在中國稱為「淫羊藿」呢？因為中國人相信羊吃了它的葉子便會發情，一天之內能交配百遍。由於中國自古就這樣流傳，日本人自然也研究過它的成分，但結論是並沒有那麼神奇的功效，於是淫羊藿的研究熱潮很快就退了，如今再也沒有笨蛋相信淫羊藿一說。

日文名稱與錨草相似的「何首烏」屬於蓼科，為地下莖結成的塊根。日本人也曾因為中國傳說而以為它能壯陽，喧騰一時，結果根本沒有那種功效，真是一群傻瓜。

錨草屬於小檗科，除了方才提到的稱號以外，還有「雲切草」、「雁草」、「鐵引草」等別名。

輯二
果實

一般人所說的果實，是指蘋果、柿子、柑橘等可食用的水果。但植物學所說的果實是指花謝後孕育而成的果子，與水果大不相同。不論可食用或不可食用，一律都稱為果實。因此紫蘇、荏胡麻的果子也叫果實，上述的蘋果、柿子當然也是果實。

花中的子房在花朵凋零後會發育成果實，這個果實才是本尊，稱為「真果」。

梅子、桃子、罌粟、白蘿蔔、碗豆、蠶豆、玉米、稻穀、小麥、蕎麥、栗子、麻櫟，以及茶的果實都屬於真果。

有些則是其他器官與子房融合，一起化為果實，例如蘋果、梨子、黃瓜、南瓜、哈密瓜就屬於這類。

此外也有主要由其他器官所構成的果實，這種情況稱為「假果」或「附果」。荷蘭草莓、蛇莓、無花果、薔薇的果實都屬於假果。

果實的可食用部分依果實的種類而異，桃子、杏實的食用部分在植物學上屬於中果皮，蘋果、梨子的食用部分是與果實合生的花托，柑橘的食用部分是果實內的毛，香蕉的食用部分是果皮，無花果的食用部分則是變形的花軸。

研究各式各樣的果實是一件很有趣的事，除了大眾所知的常識以外，還會發現許多驚人的事實。接下來的四種果實各有各的意思，就讓我介紹一下它們的特徵吧。

蘋果

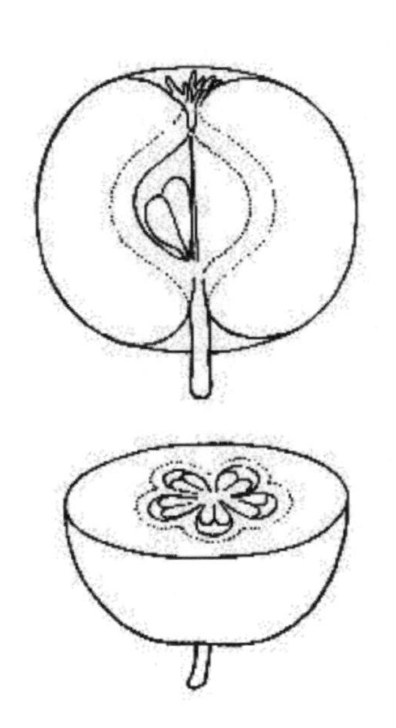

林檎雖然不是日本原產的物種，但為了與西洋林檎（Apple）區別，人們便為它取了「和林檎」一名，也就是「日本林檎」。

蘋果的果實只要縱切或橫切，內部結構便一目瞭然，想觀察時不妨切開來看看。

蘋果的核心分成五室，每一室都有兩個褐色的種子，核心外圍有一層隔閡，隔閡以內才是真正的果實，但大家都不吃果核，老是把它扔掉。隔閡以外到蘋果皮的地方是人類食用的果肉，其實這部分是與真果實（果核）癒合的附屬物，為杯狀的花托（花梗頂端），只是變得肥厚多肉。

由此來看，我們所吃的蘋果其實並非果實，而是變形的花托，也就是花梗的末端。不過，除了植物學家以及在學校上植物學的學生以外，大概很少有人知道這個真相吧。

蘋果的英文是apple，現代日本人稱之為「林檎」，但apple其實不能叫做「林檎」，而應該稱為「唐林檎」、「華林檎」或是「西洋林檎」，寫成漢字便是「蘋果」或「柰」。

真正的林檎又叫「花紅」，果實很小，直徑只有三公分左右，不太會拿到市場上販賣。它的樹苗自古便遠渡重洋來到日本，去現在的信州（長野縣）和東北地區偶爾還能見到。林檎雖然不是日本原產的物種，但為了與西洋林檎（apple）區別，人們便為它取了「和林檎」一名，也就是「日本林檎」。

西洋林檎是在明治初年從西洋傳入日本後才普及的，如今東北各地到信州一帶都盛產西洋林檎，處處可見水果店堆滿漂亮的蘋果。

蘋果的學名為 *Malus pumila* var. *domestica*，方才所說的和林檎則是 *Malus asiatica*。原本「林檎」應該是花紅（和林檎）的名字，卻被硬生生搶走，因此像現在這樣把西洋林檎（唐林檎）單叫成「林檎」，其實是不恰當的。

柑橘

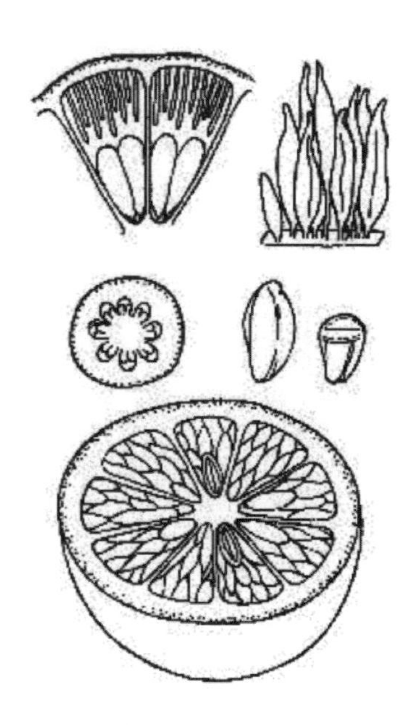

至於日本人常說的「橘」到底是指哪一種柑橘呢？目前尚無定論，但應該是指現在所說的紀州蜜柑、小蜜柑等柑橘。

柑橘是最廣為人知的食用果實，但世人幾乎都不知道自己吃的柑橘果肉是什麼部位。如果說是柑橘果實毛裡的果汁，大家一定會很驚訝吧？有趣的是，這是真的。若柑橘果實裡沒有長毛，就會變成無法食用的果實，令人不屑一顧，幸虧果實裡長滿了毛，才會化為食用果實界的水果之王。從這個角度來看，還真是一點也不能小覷毛的功用。

柑橘在植物學上歸為柑橘屬（*Citrus*），屬裡有許多種類。光是日本就有「酸橙」、「九年母」、「溫州蜜柑」、「夏蜜柑」、「柑子」、「柚子」、「紅蜜柑」、「八代蜜柑」、「檸檬」、「丸佛手柑」、「唐蜜柑」、「小夏蜜柑」、「柳橙」、「三寶柑」、「文旦」、「紀州蜜柑」（小蜜柑）、「椪柑」（原本是台灣產，但九州也有種植）等等，每一種果實的結構都相同，毛裡都含有酸酸甜甜的果汁，這些毛正是可食用的部分。而柑橘類的可貴之處，便是這些果實內的毛。

柑橘類的果實在植物學的果實分類中稱為「漿果」，不過精確而言，應該叫做漿果中的柑橘果。

扳開柑橘類的果實，會發現外層的皮很好剝除。裡頭有一輪果瓣，可以一瓣一瓣分開來。這些果瓣裡有飽含汁液而脹大的毛與種子，毛是從果瓣外側的內膜長出來的，種子則是從果瓣內側底部生出來的，換言之，毛與種子生長的方向恰恰相反，且彼此面對面。從左上角的小圖能看到毛的分布情況，右上角的小圖則是成熟的毛。子房還很青澀時（請見第一四七頁，左側中間的小圖），每個室內都還沒有長毛，等到花謝後子房日益脹大，外側的內膜就會逐漸長出毛來，最後像下方對切的橘子圖片一樣，果瓣中長滿了毛。

如同對切圖所示，柑橘果實中分成好幾室，代表這顆果實是由數個一室果實連合而成的，也就是一朵花裡有數個子房，彼此癒合不分離，形成複合子房。果瓣雖然各個相連，卻能輕易地一瓣瓣剝開，但由於最外層的皮沒有裂開、緊密融合，便形成了柑橘皮。以整個果實而言，外層的果皮屬於外果皮和中果皮，果瓣的部分則是內果皮與果實本身。

我在圖中也畫了種子，通常柑橘種子會直接捨棄不食用。有趣的是，一顆柑橘種子的種皮裡，含有子葉（雙子葉）以及二至數個由胚芽、胚根所構成的胚。播種後，一顆種子便能生出二至數根幼苗，這在其他植物上是看不到的。

柑橘類的葉子都是一片一片獨立的，於枝上互生，但根據推測，柑橘類祖先的葉子應該都是三出複葉，由三片小葉所組成，就像枳（枸橘）的葉子一樣。史前時代的柑橘類葉片皆為三出複葉，證據就在於現代的柑橘苗偶爾也會先長三出複葉，之後才生出獨立的葉片（單葉）。此外，文旦苗的葉柄所萌生的葉片，偶爾也是三出複葉，代表它長出了上古時代的葉子，大自然的奧妙實在太有趣了。

柑橘類還有另一個好玩的地方，就是樹枝上有刺針，亦即尖刺。這些尖刺原本應該是為了抵禦食用柑橘樹的野獸（上古時代的）而生的，但現在已沒有那些害獸，因此尖刺都成了無用之物。

從學問的角度去探究那些尖刺到底是什麼，是個非常有意思的大哉問。以往的日本學者認為那是變形的葉片，也有學者主張是變形的樹枝，但他們的說法其實都沒有確切的根據，不過是從外觀想像而來罷了。依據我的實際考察，這些尖刺一定是由葉腋芽鱗片的最外層，巨幅增大、硬化後發育而成的。尖刺的位置便暗示了這點，因此我對自己的論點極有信心，肯定很難被推翻。

至於日本人常說的「橘」（橘其實是「九年母」〔クネンボ〕的漢名，並非タチバナ）到底是指哪一種柑橘呢？目前尚無定論，但應該是指現在所說的紀州蜜柑、小蜜柑等柑橘。

相傳「橘」是古人田道間守從常世之國（不確定是現代的哪一區，但大概可以想像是在中國東南方的某處）帶回來的，是一種可食用的柑橘，這種柑橘在當時

的日本一定非常稀奇。「橘」一詞便源自從常世之國不辭辛勞將它帶回的田道間守（たぢまもり）之名。

無獨有偶，日本的九州、四國、以及本州山區有一種野生柑橘，名字也叫做「橘」。它會結黃色的小果實，卻完全不適合食用，不僅果實迷你，缺乏果汁，種子還很大顆。有些神社的庭院會種這種柑橘，種出來的果實稍大一點，彷彿小型的柑子果實，但以食用果實而言仍是毫無價值。

日本人因為憧憬大名鼎鼎的橘，自作聰明地將這種橘與歷史上的橘連結起來，看似風雅，實則滑天下之大稽。京都紫宸殿前的「右近之橘」就是這種柑橘，將如此低劣的小柑橘與歷史上的橘混為一談，簡直令人噴飯。我可以斷言，歷史上的橘與日本野生的橘，是毫無關係的兩種柑橘。

如前面所述，日本野生的橘不僅名稱本身是錯的，也與歷史上真正的橘重複。當時來自土佐的柑橘界巨擘田村利親先生，提議將它改名為「大和橘」，後來我又將它修訂為「日本橘」。

為何要修訂呢？因為「大和橘」已經是文旦的別稱了。順帶一提，田村先生在日向國（宮崎縣）曾發現一種新的蜜柑，命名為「小夏蜜柑」，意思是「小型的夏蜜柑」。它也確實比夏蜜柑迷你一些，但滋味不像夏蜜柑那麼酸，嘗起來比較甜，四、五月在市面上便能買到，人稱 Summer Orange。這個柑橘是由田村先生所發現的，故又有「田村蜜柑」之稱。

香蕉

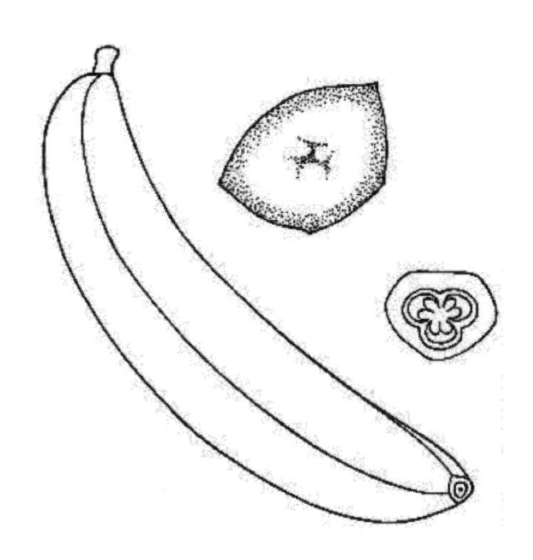

我們所吃的香蕉果實，究竟是哪個部位呢？答案是香蕉果實的皮。幸好有這層多肉的皮，它才能化為香甜可口的水果。

「香蕉」（banana）原本是指能結果的香蕉植株（學名為 *Musa paradisiaca* L. *subsp. sapientum* O. Kuntze），但日本民間都以此稱呼它的果實。不僅如此，西方人也稱之為香蕉，其實正確說法應該是「香蕉果實」才對。

那麼，我們所吃的香蕉果實，究竟是哪個部位呢？答案是香蕉果實的皮。這可不是假皮，而是貨真價實的皮。倘若香蕉沒有這種多肉的皮，身為果實的它便一點用處也沒有了，幸好有這層多肉的皮，它才能化為香甜可口的水果。不過，知道箇中原委的人少之又少，大家一得知平常吃的果肉居然是香蕉皮，全都大吃一驚。

香蕉是芭蕉科植物，與日本的本土芭蕉形狀相似，這是當然的，因為兩者同屬（都是 *Musa* 芭蕉屬）。不過觀察葉子，會發現香蕉的葉質比較堅韌，葉子背面泛白，彷彿沾了一層白粉，花穗苞片呈暗紅色。本土芭蕉葉則是葉子背面呈翠綠色，花穗苞片為偏褐色的黃色，一眼就能區別。

吃香蕉時，大家都會先剝掉外皮，再吃裡面的奶油色、香噴噴的果肉。其實這層皮和果肉，兩者都是香蕉皮，能像皮一樣剝掉的部位稱為外果皮，由纖維質所構成，可從細胞質的果肉部位，也就是中果皮和內果皮上輕易剝下。纖維質的部分不能食用，可食用的是下一層的細胞質部位，也就是方才所說的中果皮和內果皮。

如果香蕉正確發育，照理說只會有發達的纖維質堅硬果皮與種子，不會有那麼多可食用的果肉，然而香蕉卻大幅變形，長出肥厚多肉的部位，種子也隨之退化，只在果實中央留下一些黑色痕跡。其實這並非果實的常態，而是一種病態，也就是缺陷。然而正因為有這種缺陷，我們才如此幸運，有香甜的水果可享用。換言之，我們都吃香蕉的中果皮和內果皮，吃得津津有味。

日本的本土芭蕉會開花也會結果，但不能食用。這種芭蕉的名字來自芭蕉，但芭蕉原本就是香蕉類的總稱，因此不能當作本土芭蕉的名字。以前日本學者不認識真正的芭蕉，便濫用了芭蕉一詞，導致芭蕉之名從此定了下來，沿用至今，如今想改也改不掉了，只能積非成是。其實這芭蕉原本也不是日本的原生種，而是從古中國傳入的外來植物。

在中國，芭蕉又稱甘蕉，是所有果實甘甜的香蕉類總稱。因此，香蕉也可以叫做芭蕉，稱甘蕉也沒問題。

數年前，日本曾從台灣進口大量香蕉。那些香蕉全都裝在偌大的籃子裡，運到神戶港時還是綠色的，等到中盤商買下後放到地下室，靜置數天後顏色轉黃，才會拿到市面上販賣，由於數量眾多，民眾都吃得很盡興。可惜自從失去台灣這個香蕉寶庫之後，昔日的香蕉盛況便再也不復見了。

荷蘭草莓

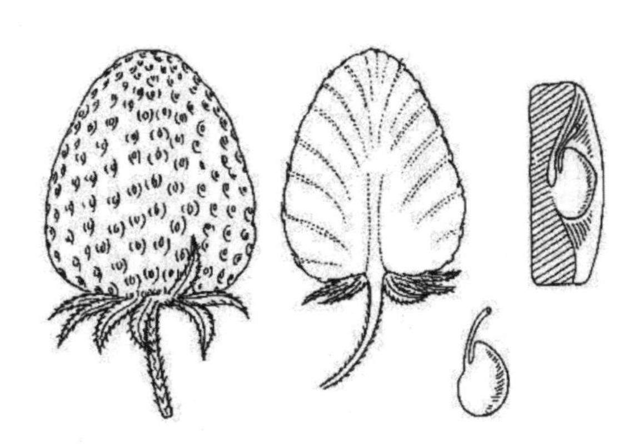

我們所吃的荷蘭草莓，其實是花托放大後，色澤鮮紅、滋味甘甜、香氣誘人、肉質軟嫩的部位。那麼哪裡才是真正的果實呢？

荷蘭草莓在現今市場簡稱「草莓」，但單稱「草莓」其實是不夠的，不僅容易與其他莓類（雖然不會上市）的名字混淆，也與真正的「草莓」名字重複，令人傷透腦筋。然而稱呼「荷蘭草莓」又過於拗口，喊簡稱又會與其他名字重疊、混為一談，倒不如叫它「西洋草莓」，或直接稱用英文的strawberry來稱呼，或許更合乎情理。

若要以複雜的學名來稱呼荷蘭草莓，那就是*Fragaria chiloensis* Duch. var. *ananassa* Bailey，日本產的「森莓」（白花蛇莓）與它是姊妹種，學名為*Fragaria nipponica* Makino，現在同一屬的日本產莓類還有「能鄉莓」，學名為*Fragaria iinumae* Makino。森莓和能鄉莓與荷蘭草莓非常相似，唯獨果實小了一些，形狀、滋味、香氣則和荷蘭草莓一模一樣。日本園藝家沒有著眼於此，盡力改良品種，實在很可惜。

我們所吃的荷蘭草莓，也就是strawberry果肉，其實是花托放大後，色澤鮮紅、滋味甘甜、香氣誘人、肉質軟嫩的部位。它是花托，也就是莖的頂端，換言之大家所吃的其實是草莓的莖，而不是在吃真正的果實（雖然有一起放進嘴裡）。那麼哪裡才是真正的果實呢？就是花托放大後，散布在表面的細小顆粒（請見第一六一頁，草莓圖右邊的小圖）。

荷蘭草莓的食用部位與果實是截然不同的，只不過果實附著在花托的表面。說到底，荷蘭草莓就是一種假果，與野外常見的蛇莓沒什麼兩樣。蛇莓吃起來並不甜，因此乏人問津，名字聽起來雖然駭人，但並沒有毒，畢竟「蛇莓」一詞，是指「野外蛇類吃的莓果」的意思。

後記

以上便是花朵與果實的概論。文章都是一氣呵成提筆寫下的，一定有許多不完備的地方，還請諸位讀者見諒，尤其我撰寫本書的前提是假設讀者對草木皆不甚了解，為了引起各位對植物的興趣，許多段落都是極為口語而通俗的。倘若大家讀了這些文章，能對植物產生一點興趣，或者多少吸收一些植物知識，身為作者的我便再高興不過了。

在人類身處的環境之中，很少有東西像植物一樣與人生有著千絲萬縷的關聯。倘若世界上少了植物，也就是草木，人類一定無法生存，可見植物是多麼地重要。

畢竟，許多食衣住的資源都得仰賴植物。

有植物簇擁的我們實在太幸福了，如此純潔又充滿優點的物種，是老天爺贈給人類的禮物，是其他事物無法比擬的寶藏。說植物是人生的至寶，其實一點也不為過。

望著植物青翠欲滴的葉子，任誰都會因它們的美麗與清新動容，而這樣的景致一年四季都看得到。不僅如此，植物還會開紅、百、紫、黃，各種繽紛燦爛的鮮花，教人賞心悅目。我相信沒有人不愛老天送給我們的花，如果說植物能影響人類的心境，那麼即便是惡霸也會變成善人，即便是莽夫也會化為君子，罪犯亦會洗心革面。如此想來，便覺得美妙的植物堪比宗教。

其實這正是大自然的宗教，以植物為尊的宗教！與儒教、佛教沒什麼不同。每一天，我都浸淫在大自然的宗教裡，過著心平氣和、安祥恬適的日子，這也影響了我的健康，使我這個八十八歲的白髮老翁硬朗如昔，就算讀書到半夜兩點也不覺得累，有時還能工作到天亮。這都要歸功於素日裡我對大自然的喜愛吧。大自然是神，對人生的影響無與倫比。

植物研究日益精進，人類社會便能幸福安康。植物工業的興起，可為國家累積財富，令百姓生活無虞。因此，國民對植物的重視與否，左右了國家的貧富，也就是人民的財富。貧窮是罪惡的溫床，只會滋生社會亂象，富裕才能過得從容，讓百姓相敬如賓，營造善良風氣，生活幸福美滿。如此看來，植物實在是功德無量。

人的一生就像一朵花，只有短短一世。趁活著的時候努力學習、修身養性、積攢功德、增長智慧，為他人付出、為國家行義務，也為了自己，當個快樂的好人，度過幸福一生，這才是人生的真諦。沒有什麼比醉生夢死更傻的了，人身難得，倘若一輩子庸碌無為，豈不是浪費了生命，對不起神的慈悲嗎？

以前我曾經寫過這段文章：

「我相信愛惜草木，能培養對人的關愛。如果我像日蓮法師一樣偉大，我一定要樹立一個以草木為尊的宗教。現在的我絕不會平白摧折草木，也不忍殺害一隻螞蟻或小蟲。這份菩薩心腸，這份善良，正是我透過愛惜草木培養出來的。看草木興衰枯榮，也幫助我大徹大悟，參透人生的意義。

草木能撫慰人類的心靈，為何世人卻將如此至寶扔在一旁，視若無睹呢？我想，這大概就是先入為主的『挑食』吧。我要呼籲天底下的世人，無論如何先嘗一口看看。我這個人從不打誑語，先吃一口就對了。

如果每個人都能有一顆善良的心，世界就會美妙無比。人與人將不再爭吵，國與國也不會打仗，這顆善良的心，講更深一點就是博愛、慈悲、仁義，有了它，世界定能和平安泰，人民便可幸福無比，這點毋庸置疑。

世上各式各樣的宗教無不對眾人曉以大義，但我並不想講大道理，我盼望的是能回歸情感，透過草木陶冶性情，這便是我的宗教、我的理想。每次一有機會到各地演講，我總會對學生說這番話。」

我主張世人加入大自然教，有以下三大優點：

第一、怡情養性。見到滿山遍野、生機勃勃的花草，會因為優美的大自然而感動，獲得心靈的寧靜。就好比春風融化了寒冰，憤怒也隨之煙消雲散。我們的心也會充滿詩意，變得更美好。

第二、身體健康。喜愛植物，想去郊外接觸花草的話，自然就得參加戶外運動。可以做做日光浴、曬曬太陽，不知不覺間身體就更健康了。

第三、不再寂寞。即便全世界都離我而去，也不必悲觀。因為身旁的草木便是永遠的伴侶，隨時都會對露出和藹的笑容。

感謝上蒼讓我生來就熱愛植物，令我幸福一生。

◎作者簡介

牧野富太郎・まきの　とみたろう

一八六二—一九五七

日本植物學家，出生於現高知縣，代代以雜貨與酒造營生。十七歲時受到植物學的啟蒙，自學立志成為植物學家，放棄繼承家業，前往東京追夢。在東京帝國大學（現東京大學）理學部植物學教室進行研究，在擔任該大學的助手、講師的期間，繼續進行植物的採集、觀察，研究植物足跡可以說除了北海道之外，遍布日本各地，發現了很多新品種。在分類學研究上有極大的貢獻，是日本第一位使用林奈分類系統分類日本植物的植物學家，因此其也被稱為「日本植物學之父」。從事植物分類學研究超過半世紀，在他眼中沒有所謂的雜草，致力於採集植物達四十萬種，新發現命名的有一千五百餘種，還親手繪製了細膩的植物圖鑑；既從事學術研究又推廣一般植物知識的普及。創刊《植物學雜誌》（一八八七）、《植物研究雜誌》（一九一六），並撰寫多部植物學相關著作。一九二七年，通過發表論文從東京帝國大學取得理學博士學位。一九五〇年榮膺日本學士院會員、一九五三年成為東京都榮譽市民，一九五七年去世，追授日本文化勳章。位於高知市郊五台山上有為了為紀念植物學之父牧野富太郎而建的「縣立牧野植物園」，設立於一九五八年，園內種植約三千種與牧野相關的植物。日本將他的生日——每年四月二十四日——訂為日本植物學日。

牧野富太郎與台灣也有深厚的緣分，曾踏上台灣的土地，一八九六年，東京大學派遣了第一批植物學家到台灣各地採集植物，他便是成員之一，曾為台灣桂竹命名，發現愛玉是台灣特有種。

植物知識

最有趣的花果圖鑑，日本植物學之父牧野富太郎為你科普

書　　名　植物知識
作　　者　牧野富太郎
插　　圖　牧野富太郎
譯　　者　蘇暐婷
策　　劃　好室書品
特約編輯　陳靜惠
封面設計　謝宛廷
內頁美編　洪志杰

發 行 人　程顯灝
總 編 輯　盧美娜
美術編輯　博威廣告
製作設計　國義傳播
發 行 部　侯莉莉
財 務 部　許麗娟
印　　務　許丁財
法律顧問　樸泰國際法律事務所許家華律師

藝文空間　三友藝文複合空間
地　　址　106 台北市安和路 2 段 213 號 9 樓
電　　話　(02)2377-1163

出 版 者　四塊玉文創有限公司
地　　址　106 台北市安和路 2 段 213 號 9 樓
電　　話　（02）2377-1163、（02）2377-4155
傳　　真　（02）2377-1213、（02）2377-4355
E-mail　service@sanyau.com.tw
郵政劃撥　05844889 三友圖書有限公司

總 經 銷　大和書報圖書股份有限公司
地　　址　新北市新莊區五工五路 2 號
電　　話　（02）8990-2588
傳　　真　（02）2299-7900
初　　版　2023 年 1 月
定　　價　新台幣 328 元
ISBN　978-626-7096-25-3（平裝）

國家圖書館出版品預行編目 (CIP) 資料

植物知識：最有趣的花果圖鑑，日本植物學之父牧野富太郎為你科普 / 牧野富太郎 著；蘇暐婷 譯 .-- 初版 . -- 台北市：四塊玉文創有限公司，2023.01　176 面；14.8X21 公分 . --（小感日常：18）
ISBN 978-626-7096-25-3（平裝）

1.CST: 植物圖鑑

375.2　　111019

三友官網

三友 Line@